スマホに満足してますか?

ユーザインタフェースの心理学

増井俊之

JN230055

光文社新書

まえがき

誰もが毎日機嫌よくスマホやパソコンを使っていますが、現在のスマホやパソコンは本当に誰にとっても便利なものでしょうか。皆が使っているし、いろんなことができるから、なんとなく便利なものだと思いこまされているだけなのではありませんか。スマホが格好よくて便利だと思っている人は、アップルやグーグルに騙されているだけなのかもしれません。

スマホの様々なアプリでネットにアクセスすれば、どんな複雑な仕事でもできるように感じられるのは確かかもしれません。しかし、これまでコンピュータは本当に正しい進化をしてきているのでしょうか。スマホの出現以前はＰＤＡ（Personal Digital Assistant）と呼ばれる携帯機器が広く使われており、ペンでメモを書いたり、キーボードでテキストを書いたり、様々な仕事で重宝していたものですが、スマホは画面を指で細かく操作するのは難しいですし、テキスト入力も簡単ではありませんから、絵を描いたりテキストを書いたりといった知的生産活動に活用することは困難です。ｉＴｕｎｅｓで音楽を聞いたり、ＹｏｕＴｕ beの動画を見たりすることはできるようになりましたが、これらは時間潰しという性格が強く、スマホが人間生活の向上に役立っているかどうかはかなり怪しいところです。

本当にやりたいことがすぐにできない点はパソコンも同じです。映画を見たり音楽を聞いたりする場合、そのためのアプリを捜したりソースやファイルを選んだりする必要があります。ユーザの要求が、映画を見たい、音楽を聞きたい、といった単純なものであったとしても、アプリを起動したり、動画ファイルを捜したり、様々なことに頭を使う必要があります。映画を見たいだけなのに、どこで購入したどういうタイプの動画ファイルか考えなければ再生できないというのは面倒な話です。

このように考えてみると、現在のスマホやパソコンは知的活動をしたい人にとっては不便ですし、映画や音楽を楽しみたいだけの人たちにとってもやりたいことがすぐにできず、とても中途半端なものになってしまっています。現在のスマホやパソコンが誰にとっても便利だと思っている人は、スティーブ・ジョブズやビル・ゲイツに代表されるコンピュータメーカに騙されているのかもしれません。

コンピュータのような機械を人間が使えるようにする仕組みのことを「ユーザインタフェース」（ＵＩ）といいます。コンピュータやネットワークは何十年にもわたって大きく進化を続けており、使う方法や使われる状況も大きく変わってきました。私は長年にわたって、コンピュータを誰もが簡単に使えるようにするためのユーザインタフェースについて、考えたり開発したりしてきました。しかし、確かにコンピュータの使い勝手は徐々によくなってはきているものの、現在のコンピュータのユーザインタフェースはまだまだ理想には程遠い状況だと感じています。

私がコンピュータを使いはじめたのは「マイコン」が出現した1970年代のことです。当時はキーボードやディスプレイが使える「パソコン」などは存在せず、CPU（計算を行なう中枢LSI）やメモリ（プログラムやデータを格納する記憶用IC）を使った回路を自分で考えて組み立てる必要がありました。

高校生だった私は、電子工作クラブの仲間と一緒に回路を設計してマイコンを組み立てて遊んでいたものです。我々のマシンはインテルの8008というCPUを使ったコンピュータで、64ドット×64ドットの粗いデータをテレビ信号に変換する回路を作り、道端で拾ったテレビをディスプレイ装置として使っていました。それは、ジョブズがアップル共同創業者のスティーブ・ウォズニアックと一緒にAppleⅡを開発していたのと同じ時期に当たります。

このマシンでは、１９７７年当時秋葉原で２万円で買った２キロバイト（２０４８文字分のデータ）のインテル製メモリを使っていました。２０１４年夏には秋葉原で１２８ギガバイト（約１２８０億文字分のデータ）のＳＤカードが５０００円ほどで売られていましたから、35年間でメモリは２億倍以上安くなったことになります。

　圧倒的に速いものだと思われているジェット機の巡航速度が時速８００キロメートル程度ですから、人間が歩く速さの２００倍程度にすぎません。また光の速度は秒速30万キロメートルですが、人間と比較すると速度比は２億倍程度です。つまり、１９７８年のメモリ容量と２０１４年のメモリ容量の違いは、人間が歩く速さと光の速さの違い以上だということになります。

高校生のときに作ったマイコン

　コンピュータが進化したのはメモリ容量だけではなく、速度も何百万倍にもなっていますから、これらを考慮するとコンピュータは、昔に比べて何百兆倍にも進化しているといえます。しかし、果たしてそれほどの変化が人びとに実感されているでしょうか。

　１９７０年代末に私が使っていた前述のマイコンは、プログラムをスイッチでメモリに書き込む仕組みになっており、キーボードすら使うことができませんでした。しかし、1980年代になると各社からパソコンが発売され、NECのPC‐9801が発売された1982年にはかなり多くの人びとがパソコンを活用するようになっていました。

1980年代のはじめには、普通のパソコンではウィンドウやメニューのようなグラフィカルユーザインタフェース（GUI）は利用できず、GUIを利用できるのは、ゼロックス社やサン・マイクロシステムズ社などの高価なワークステーション（個人用の高性能コンピュータ）に限られていました。

しかし、その後アップルのマッキントッシュやマイクロソフトのウィンドウズ95の登場により、GUIを誰もが使えるようになってきました。ウィンドウ（Window）／アイコン（Icon）／メニュー（Menu）／ポインティングデバイス（Pointing device）を駆使する「WIMP」インタフェースはGUIの標準となり、現在でも広く使われています。

私は工学部の電子工学科を卒業してコンピュータ会社に就職した後、Macやウィンドウズとは異なるウィンドウシステム（ウィンドウやメニューなどを操作するためのソフトウェア）をUNIX（AT&Tのベル研究所で開発されたオペレーティングシステム。現在のMac、iPhone、アンドロイド、Linuxなどのベースとなっている）の上で開発したり、様々な検索システムを作ったり、携帯電話の予測入力システム「ＰＯＢｏｘ」を作ったり、ｉＰｈｏｎｅの日本語入力システム「フリック入力」を作るなど、スイッチでプログラミングする時代からスマホ全盛の現代まで、様々な形態のコンピュータを使うための技術を開発してきました。

キーボードでコンピュータを操作できるようになったり、マウスを使うＧＵＩを使えるようになったときにはとても感動したものですが、残念ながら最近のコンピュータの使い勝手がこれに匹敵するほど進化したのを見たことがありません。コンピュータのハードウェアは何百兆倍にも進化しているのに、使いやすさがあまり変わっていないように感じられるのはどういうことなのでしょう。もっと抜本的な進化があっていいはずです。

これからのコンピュータは、いつでも／どこでも／誰でも／使えるようになる進化が必要です。コンピュータの使いやすさを進化させるためには、

1　人間の心理や特性を理解し
2　新しい発想を育て
3　ウェブのトレンドを理解し
4　ユビキタスコンピューティング技術を理解し

５　頭を整理することができるような

６　信頼できる安全なシステムを開発していくことが重要です。本書では、これらのトピックについて各章で様々な考察をしています。いろいろな工夫の結果、光の速度は無理でもせめて飛行機並みに進化はしてほしいものだと思います。

本書の脚註に含まれるＵＲＬには、Ｐ245に説明がある Gyamp（http://Gyamp.com）というシステムを利用してブラウザから簡単にアクセスすることができます。

例えば Gyamp システムは脚註183で説明されているので、

http://Gyamp.com/sumaho/183

というＵＲＬでアクセスすることができます。

また、本書の索引や関連情報は、

http://pitecan.com/sumaho

で閲覧できますのでご利用下さい。

目次

編集協力　福井信彦

1　心理とデザイン

1　ジマンパワー

山に登ることが楽しい理由はいろいろあるでしょうが、美しい景色を見ることができるという喜びに加え、苦労して登りきったことに「自己満足」したり、大変な山に登ったという「自慢」話ができるのもそのひとつでしょう。また、写真を趣味にしている人も沢山いますが、自分が撮った写真を見て「自己満足」したり、それを他人に見せて「自慢」できることが大きな動機になっているのではないでしょうか。

多くの人びとが楽しんだり極めようとする趣味が成立しているのは、実は「自己満足したい気持ち」や「自慢したい気持ち」が原動力となっているように思います。ですから、自己満足したいという気持ちと他人に自慢したいという気持ちの両方が満たされるような趣味は、流行しやすいといえるでしょう。

「自己満足」と「自慢」の両方が満たされない場合は、片方だけでもいいのです。自己満足が難しい分野の趣味の場合には、他人に自慢することによって楽しみを増やすことができます。

また、ピアノのような楽器演奏や華道のような稽古ごとでは、「発表会」が行なわれるのが普通です。発表会では、自分の技を他人に見てもらうことによって、批評をあおぐという意味ももちろんあるでしょうが、自慢の技量を披露するという意味の方が大きいと思います。

ひとりでピアノを弾くだけで誰もが自己満足できるのであれば、自分が弾く曲を他人に聞かせる必要はなく、ピアノ発表会の必要性も少ないのかもしれません。でも実際は、先生に指定された練習曲がつまらなくて自己満足することができないから、発表会のような機会で腕を自慢する必要があるのでしょう。

このように、自己満足（自満）や自慢を支援する「ジマンパワー」は、趣味にとって非常に重要だといえるでしょう。やはり、他人に認めてもらいたいという「自己承認」は、人間にとって重要な欲求のひとつなのです。

＊ネット上のジマンパワー

良質のソフトウェアを無償で共有するオープンソース運動は、かつては理解を得られない時期もありましたが、近年では社会に広く受け入れられるようになり、ビジネスとしてもすっかり定着しています。

全世界の人びとが無償で時間をかけ、ウィキペディアの編集を行なっています。見返りを期待せずに他人のために親切な行動をとることはなかなかできることではありませんが、その行動によって自分のジマンパワーが発揮できるのであれば話は違います。自分が書いたソフトウェアが世界中で愛用され名声が高まれば、よいソフトウェアを書いたという自己満足感も得られますし、もちろんおおいに自慢することもできます。

ソフトウェアを無償で配付するのですから、多額の報酬を得ることはできないかもしれませんが、オープンソース活動はジマンパワーの発揮には最高であり、それが成功の大きな理由のひとつだと考えられます。

ユーザ間で情報を共有したり情報を構築したりユーザの力をあわせて情報を構築したりする、いわゆる「Web2・0」[*1]的なサービスが世の中に多く存在しますが、人気のあるサービスはジマンパワーを充分に発揮できるように作られているようです。自分にメリットがないのに、手間をかけて不特定多数に有用な情報を提供する親切な人は決して多くはありませんから、情報共有サービスを流行《はや》らせるためには、情報提供することによってユーザのジマンパワーを発揮させることが非常に重要になります。実際次のようなサービスにおいて、ジマンパワーは有効に活用されています。

ブログ　ブログを書くという面倒な行為が流行るのは、ジマンパワーを存分に発揮できるからでしょう。頭がいい人であれば、斬新な発想を公開して自慢することにより、多数の人間に自分をアピールすることができます。普通の人が面白いものを見たり美味《おい》しいものを食べたりしたといった日常的な行動も、ジマンパワー発揮の種にすることができます。多くの人の心の中に隠れていたジマンパワーを表出させるメディアとして、ブログは人気を呼んでいるのでしょう。

SNS　ミクシィやフェイスブックのようなソーシャルネットワークサービス（SNS）も、ジマンパワーの発揮に有用です。日記を書くことによってブログと同じようにジマンパワーを発揮することができますし、友達が多い、有名人と知り合いだなどということでも発揮できます。様々なジマンパワーを複合的に発揮できるところが、SNS人気の秘密なのかもしれません。

プログラミング　オープンソース活動以外でもプログラミングに関するジマンパワーを発揮することができます。たとえば「どう書く?.org」[*2]というサイトでは、様々なお題を解くプログラムを投稿して、プログラミングの腕を競うことができます。やり方によって同じ問題を上手に解くことも下手に解くこともできるわけですが、ジマンパワーを発揮したいハッカーが競って技術を投稿すれば、一般人のプログラミングレベルも向上する可能性があるでしょう。ジマンパワーを発揮できる各種のプログラミングコンテストも、最近人気があります。

本棚.org　私が運営している「本棚.org」[*3]というサイトでは、ネット上に作成した「本棚」に書籍を登録することによって書籍を管理できるようになっています。本棚.orgは書籍管理に便利ですが、そもそも本棚.orgにデータが集まる理由は単に便利だからというだけでなく、ジマンパワーの発揮場所として適しているからだと思われます。

これらはジマンパワーがうまく発揮できているサービスの例ですが、やはりジマンパワーを発揮できないサービスはうまくいかないようです。私は以前、位置情報や店情報を共有するために本棚.orgと似た「地図帳.org」というサイトを作ったことがあります。レストランや観光地のような情報の共有はとても有用なのですが、このような情報を投稿してもあまりジマンパワーを発揮できないため投稿が集まらず、結局このサービスはあまり流行りませんでした。

ウェブサービスで情報を共有しようという場合、便利で面白くなければならないのは当然ですが、それだけでは不充分であり、ジマンパワーを発揮できるような仕組みがなければ駄目だということを痛感しました。Ｗｅｂ２・０的サービスを流行らせるためにはジマンパワーの活用が最も重要なのかもしれません。サービスが有用かどうかよりも、ジマンパワーを発揮できるかどうかをまず検討するべきなのでしょう。

＊1 http://ja.wikipedia.org/wiki/Web 2.0
＊2 http://ja.doukaku.org/
＊3 http://hondana.org/

2　安定感を求めて

汚い部屋にゴミが落ちていても拾う気にならないでしょうが、綺麗な床の上にゴミがあった場合には拾うかもしれません。汚い部屋のゴミが多少増えても部屋が汚い状況は変わりませんが、ひとつでもゴミがあると「綺麗な床」が「汚い床」に変わってしまうので、もとの状態を保つためにはゴミを拾う必要が出てきます。

人間は安定した状態を好むものらしく、不安定な状態や整合がとれない状況を見ると気持ち悪く感じられ、安定した状態を長く続ける方向に行動をとりがちです。上図の左のような状態はいかにも不安定ですから、こういう様子を見たら右のようにグラスを移動したくなるのが人の自然な感情です。

割れた窓ガラスが放置されているような地域では、治安の悪い雰囲気が定常化して犯罪が増えますが、小さな犯罪もきちんと取り締まるようにすれば意識が変化し、結果的に大きな犯罪も減るという「割れ窓理論」[*4]という考え方があります。治安がよい状態に持っていくことができれば、その状態で社会を安定させることが可能だということなのでしょう。

音楽のコード進行でも安定感が重要です。クラシック音楽でもポピュラー音楽でも、曲の最後は「終止感」（曲が終了した感じ）のある音の並びがよく使われています。例えばハ長調の場合、「レファラ」（Ⅱと表記）→「ソシレ」（Ⅴ）→「ドミソ」（Ⅰ）という「Ⅱ - Ⅴ - Ⅰ進行」の音の並びは終止感が強く、多くの曲で利用されています。このような終止進行が終わると、音楽を聞き終わったという安定感を感じられますが、「レファラ」「ソシレ」の後に「ドミソ」が来なかったり、進行の途中で演奏が終わってしまうと大変モヤモヤした感じが残ります。

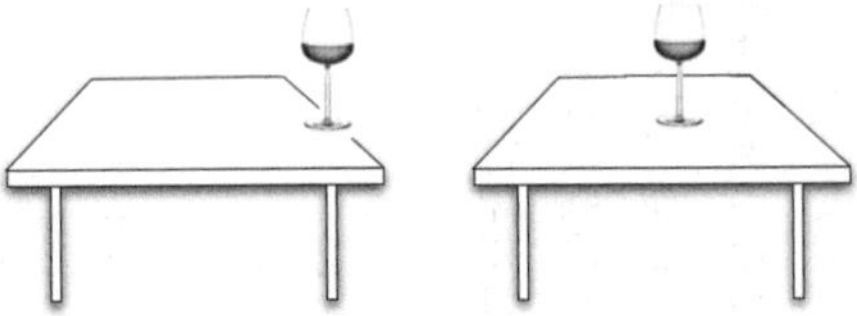

音大生だった知人が学校の寮に住んでいたとき、隣の練習棟でピアノを弾いていた学生が何故か終止進行の途中で弾くのをやめて帰ってしまったため、寮全体がモヤモヤ感につつまれてしまったことがあるそうです。この不安定感に我慢できなくなった学生が練習棟に行き、大きな音で最後の音を弾いて終止進行のモヤモヤ感を解決したことによって、やっとみんな安眠できたのだそうです。

このように不安定感を解消するためにかなりの労力をはらう人もいますが、不安定状態を解消するのに多大な手間がかかる場合は安定化行動をとる人は少ないでしょう。綺麗な道にペットボトルがひとつ転がっていれば、拾ってゴミ箱に入れる人がいるかもしれませんが、同じ道でも地面にこびりついたガムを剥がして捨てる人はいないでしょう。それなりの手間で不安定な状態を解消できる場合に、安定化行動を期待できるといえます。

＊4　http://ja.wikipedia.org/wiki/ 割れ窓理論

＊修正欲を活用する

安定化を求める心理を「修正欲」として利用すると、「人力パワー」（P134で解説）を活用するサービスが可能になります。

相互添削による言語学習サイト「ランゲート」(Lang-8)[*5]は、ユーザが母語以外で書いた日記を、別のユーザが添削修正する仕組みにより、異なる言語を母語とする友人同士で相互に言語学習を行なう面白いコンセプトのサービスです。ここに以前このような日記が投稿されていました。

先日、家族と一緒に〇〇と言うところへ行った。
車で30分くらい到着した。
普段、皆は仕事が忙しくて、なかなかそろえなかった。
今回、全員そろいで出かけることができるのが嬉しかった。

「くらい到着した」「そろいで出かける」などの表現が気持ち悪いのですが、「くらいで到着した」「そろって出かける」のように修正するのは簡単なので、少し手間をかけて読みやすい日本語にしてあげようという気持ちになります。よいことをしたという満足感と、変なところを直したという安定感が同時に得られるわけですから、喜んでこのような修正をするユーザが多く、ランゲートのサービスは人気があるようです。

＊5　http://lang-8.com/

＊写真と地図の対応づけ

私は、写真を撮影した場所の地図を常に写真とペアで表示するシステムを利用しています。

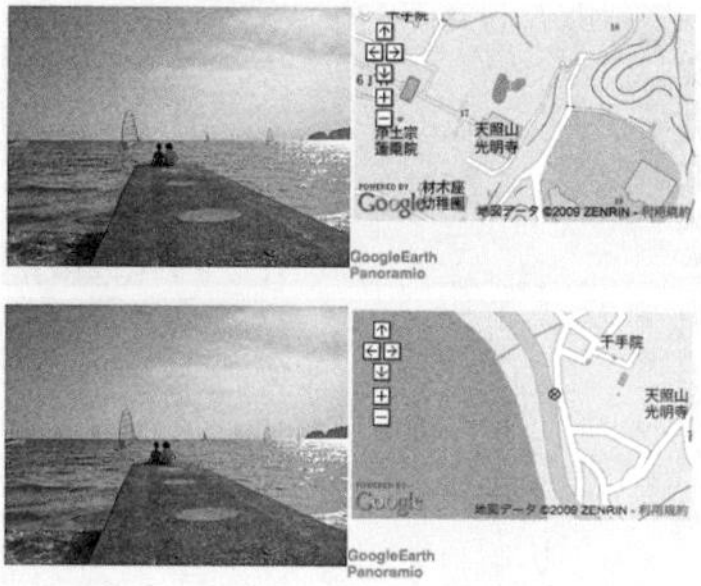

例えば上の写真の場合、上側のペアでは地図上に海が見えませんから気持ち悪く不安定に感じられますが、地図をドラッグして下のように修正すれば安定した気持ちになります。

この要領ですべての写真について修正を行なっていけば、あらゆる写真に正しい位置情報が登録されることになり、位置から写真を検索したり同じ場所の写真をリストにしたりできるようになります。写真に位置を登録するのは大変面倒な作業のように思われますが、あえて正しく登録せずに不安定で気持ちが悪い状況にしておけば、このシステムを利用する人びとがそれを解消するために正しく位置登録を行なうようになるかもしれません。
もちろん誰もが同じように安定を求める行動をとるとは限りません。わざわざ隣の建物まででかけていって終止和音を弾いてくれる人もいれば、いくら部屋が汚くてもまったく気にならない人もいるでしょうが、安定した状態を保ちやすいシステムの設計は重要だと思います。

3　見えない情報の心理的負担

解決すべき問題や記憶しておくべき事項が溜まってくると憂鬱なものですが、すべてをメモなどに書き出してしまえば気が楽になるといわれています。脳の外側に情報を書き出して整理することによって、複雑な思考が可能になったり気分が爽やかになったりするということです。ところがコンピュータの操作において、見えない状態を頭で記憶しておく必要があることは意外と多くあります。

誰もが普通に使っているコピー／ペースト操作では、コピー操作をした文字列がコピーバッファ（一時的にデータを蓄えておく記憶領域のこと）に入っているという状態がユーザに見えないため、コピー操作を行なったという事実をペースト完了までユーザがずっと記憶しておかなければならない、という心理的な負担が発生します。コピー／ペーストは短期的な処理なので、この程度のことはたいした問題だと思っていない人がほとんどでしょうが、小さな負担でも蓄積されると大きなイライラになってしまいます。

また、現在の入力状態が日本語モードなのか英語モードなのかわかりにくい日本語入力システムがよくありますが、このようなシステムを使いこなすためには現在の入力モードについて頭で記憶しておく必要があり、心理的な負担がかかってしまいます。これも小さな問題ですが、蓄積されるとイライラが溜まります。

現在の状態を常にわかりやすく表示するようにしておけば、このような小さなイライラは解決できるはずです。コピー操作後は常にコピーバッファの内容をカーソル周辺に表示しておけば、コピー内容を忘れたりペースト操作を忘れたりすることはなくなるでしょう。また入力モードを常に明示しておけば、モードを間違えることは減るでしょう。いずれの場合でも、目に見えない秘密の状態や情報をなくすことによって様々な心理的負担が減ることは確かです。

見えない情報を覚えるための心理的負担がもっとも大きいのはパスワードでしょう。パスワードはどこかに書き出すわけにはいかないので、表示することによって問題を解決することができません。パスワード管理の負担を劇的に減らす方法については、後で（P280）解説したいと思います。

4　忘れる技術

世の中に記憶術の本は沢山ありますが、何かを忘れる技術について書いた本は多くありません。人間は放っておいても何でも忘れてしまうので、そんな技術は必要がないのかもしれませんが、嫌なことを思い出してクヨクヨすることをなくすためには、積極的に何かを忘れる技術が必要です。何かを忘れた方が都合のいい場合、その記憶が長期記憶化しないようにすることが効果的です。

電話番号や数式のように、学習によって習得する「意味記憶」は忘れてしまう可能性が高いものですが、昔の友達との経験や、どこかに旅行に行った思い出のような「エピソード記憶」は時間がたっても忘れることがありません。一度だけ聞いた電話番号を忘れるのは簡単ですし、意味記憶の場合は放っておけば長期記憶化することはありませんから、忘れる技術は必要ないでしょう。これに対し、エピソード記憶の場合は記憶が体に染み付いており、忘れることが難しいことが多いようです。

しかし、いわゆる記憶喪失はエピソード記憶に対してのみ起こるといわれていますし、エピソード記憶だからといって絶対に消せないというわけではありません。努力によって記憶を消すことは不可能ではないと思われます。

何かを長期記憶として定着させるためには定期的に復習することが効果的ですが、逆に記憶の復習を徹底的に排除すれば、長期記憶化を避けることができるかもしれません。私が実践しているのは、「忘れたいことを思い出しそうになったときは、瞬時に頭を切りかえて違うことを考える」という方法です。

嫌なことを思い出しそうになったとき、そのことについていろいろと反省したりしがちですが、そういうことをすると長期記憶化が促進されてしまいます。たとえ反省材料になる可能性があったとしても、嫌なことのために気分が鬱になったりすることに比べれば、何も思い出さない方がマシでしょう。

もうひとつ有効なのは、嫌な記憶を別の楽しい記憶で上書きするという方法です。私がある学会に投稿した論文がリジェクト（採録拒否）された後、同じ論文を別の学会に投稿したらアクセプト（採録）されたことがあります。私にとって後者は喜ばしい体験だったので前者の体験が完全に消去されてしまい、他人に指摘されてはじめて前者の学会に投稿したことを思い出したことがありました。

私は忘れるのは得意な方なのですが、ここまで完璧に忘れることが可能なのだと自分に感心したものです。記憶の上書きはかならずできるわけではありませんが、長期記憶化しないように注意することは難しくありません。心の平和を求めるには、忘れる技術を最大限に発揮するのが賢いといえそうです。

5 不在問題

何かが存在することを示したり、何かの存在に気付いたりすることは比較的簡単ですが、存在しない物に気付いて、それをうまく扱うことは簡単ではありません。シャーロック・ホームズの「白銀号事件」(Silver Blaze)[*6]では、事件発生時に犬が吠えなかったという事実に気付いたホームズが、それを手がかりに事件を解決しました。何かが起こらなかったということに着目できたのは、ホームズならではということでしょう。

これは「鳴かなかった犬の推理」(The dog that didn't bark) と呼ばれ、様々な場合に有効な思考法といわれますが、我々はホームズではありませんから、通常はなかなか気付きにくいものです。利点を沢山聞かされたときは欠点に気付きにくいでしょうし、立派な理屈を並べたてられれば隠れた問題が見えなくなってしまうでしょう。私は以前、スペイン語では「k」という文字を使わないということを聞いて驚きました。言われてみれば確かに「k」のつく単語を見たことがないのですが、そのことにはまったく気付いていませんでした。

＊6　http://ja.wikipedia.org/wiki/ 白銀号事件

＊不在情報の罠

何かが存在しないことに気付くのは難しいので、何かがないことの利点はわかりにくいものですし、何かをわざと省略してあることに気付かないことも多いものです。

昔、工夫して機能を絞った簡潔なソフトウェアを公開したところ、後でそのプログラムを誰かが「改良」し、無駄な機能が沢山ついた巨大な汚いソフトウェアになってしまったのに絶望したことがあります。わざわざ機能を絞ってあることに気付かず、善意で変更を加えてしまったのでしょう。

ボタンの数などを絞った簡潔なインタフェースの思想に気付かない人が、安直に機能やボタンを追加してしまうこともあります。機能やボタンが存在することには誰でも気付きますが、意識的に省いてある機能は気付かれにくいものです。

誰かがシンプルさを追求したインタフェースを作った後で別の人が保守を受け継いだ場合、最初の設計者が苦労して省いた機能がつけ加えられてしまい、シンプルさが台無しになってしまう可能性があります。無駄なものを後で追加されないようにするには、誰でもわかる形で省略の思想を表現する必要があるのかもしれません。

私が運営している本棚.orgやQuickML[*7]などのサービスは、ユーザIDもパスワードも登録せずに利用することができるようになっているのですが、ユーザやパスワードの登録が要らないことに気付いて喜んだ人はほとんどいないようです。ユーザの個人的な情報を扱うシステムなのにパスワードを使わずに利用できるということは大きなメリットがあると考えているので、私は自分のサービスでは極力ユーザIDやパスワードを利用しないようにしているのですが、「パスワードを利用しない」ということの利点はなかなか理解してもらえないようです。

「貧乏な記録」（P148）の節で、自動的にファイルセーブを行なうauto-save-buffersというプログラムを紹介しますが、このシステムを使うと、エディタで編集中のテキストがすべて自動的にセーブされるため、ファイルのセーブを行なうという手間が不要になります。これはとても便利な機能なのですが、手間をなくすことは、できることを増やすことに比べると地味な機能変更であるためか、このシステムはそれほど人気がありませんし、別のシステムでこの方法が採用されたという話も聞かないのは残念なことです。

デザインがシンプルであること、プログラムが小さいこと、操作の手間が少ないこと、といった特徴は、何かの機能が存在することよりも本当は重視されるべきだと思います。

関連すると思われる情報から、実際に存在する情報を引き算すれば、関連するはずなのにそこに存在しない情報（＝不在情報）のリストを得ることができるはずです。

ミクシィには「あなたの友人かも？」[*8]というサービスがあり、友人関係情報をもとにして別の友人を発見できるようになっています。この機能を利用することにより、登録を忘れていた友人を発見できることがあるのは確かですが、何らかの理由によって最初から友人関係を登録していない人物や、知らない間に登録を解消されていた人物もリストされてしまうので、不快な気分になってしまうことがあります。不在情報は注意して利用したいものです。

*7　http://QuickML.com/
*8　http://mixi.jp/list_recommend_member.pl

6　知識の呪縛

能力がない人には、能力がある人のことを想像することはできません。モーツアルトはどういう精神状態で作曲していたのかとか、イチローは何を考えながら打席に立っているのか、といったことを想像することは困難です。自分に作曲や野球の才能があるかどうかは誰でも知っていますから、こういったことが問題になることは少ないのですが、自分に才能がないのに才能があると思って行動すると、不幸なことが起こる可能性があります。

逆に、能力や知識がある人は、それがない人の状況を想像することはできないものです。数学が得意な先生は、数学の苦手な生徒の頭の中を想像することはできませんから、生徒のレベルに合った教え方を工夫することができず、「何故この生徒はこんなことがわからないのだろう」という印象を持ってしまいがちです。昔はその先生も生徒と同じような心境だったことがあるかもしれないのですが、技術や知識を一度獲得してしまうと、それ以前の状況を思い出すことが難しくなります。

誰でも子どものころは字が読めなかったはずですが、大人になってしまうと、漢字を読めない人が日本語の文章を見たときの気持ちを想像することは難しくなってしまいます。よく名プレイヤーがかならずしも名指導者ではないといわれるのは、こんなところに原因がありそうです。

知識を得ることによって知識がないときの状況がわからなくなるという現象は、「Curse of Knowledge」（知識の呪縛）と呼ばれています。ハース兄弟の『アイデアのちから』[*9]という本では、知識の呪縛の例として、１９９０年ごろスタンフォード大学のエリザベス・ニュートンが行なった「Tappers and Listeners」という実験が紹介されています。

ふたりの被験者のうちひとりが頭の中に何か曲を思い浮かべ、そのリズムで机を叩いて曲を当てさせます。例えば「どんぐりころころ」を頭に思い浮かべた場合、「タンタタタタタタンタタタ」というリズムで机を叩きます。いろいろな曲を使って実験を行なった結果、音を聞いていた人は２・５％程度しか曲を当てることができなかったにもかかわらず、叩いた方の人は半分程度は当たるだろうと予測していたのです。

曲を知ったうえで叩いている人にとっては、リズムと曲との結び付きは自明ですが、予備知識がない人間にはそれをほとんど理解することができなかったということです。知識を持つ人と持たない人の感じ方の違いは、これほど大きいのです。

優秀な科学者が、エンジニアリング的に疑問がある発言をするのを見聞きしたことがあります。優秀な人なのに何故変なことを言うのかとずっと不思議だったのですが、その人物に工学的センスがないのが原因であることに気付くには、かなりの時間がかかりました。私の周囲には工学的センスを持つ人が多いため、それを持たない人のことを想像することができなかったわけです。

また私はアメリカやヨーロッパで、道を尋ねるのに失敗することがよくありました。ホテルや店の人に地図を見せて道順を聞くとき、いろいろ難癖をつけられて教えてもらえなかったことが何度もあったのです。実は彼らは地図を読むことができず、それを隠すために変な理屈を言っていたと思われるのですが、ホテルの人でも地図を読めないことがあるのだということに気付くまでは、かなり不思議な思いをしたものです。

これらはすべて知識の呪縛にもとづく失敗だといえるでしょう。

機器をデザインするときも知識の呪縛に注意しなければなりません。トイレの操作パネルにテプラが貼ってあるのをよく見かけます。「テプラを貼られたらデザイナの負け」だとよくいわれますが、「便器洗浄」では意味がわからないから「水を流す時は……」などというテプラが貼られていたのでしょう。

トイレを使った後で、「便器を洗浄したい」などと思う人間がいるものでしょうか。トイレを使った後は「汚物を水で流したい」と考えるのが普通だと思いますが、便器メーカの技術者やデザイナは日常的に社内で「便器洗浄」という言葉を使っているため、普通のユーザの語彙がわからなくなっているのではないかと想像してしまいました。

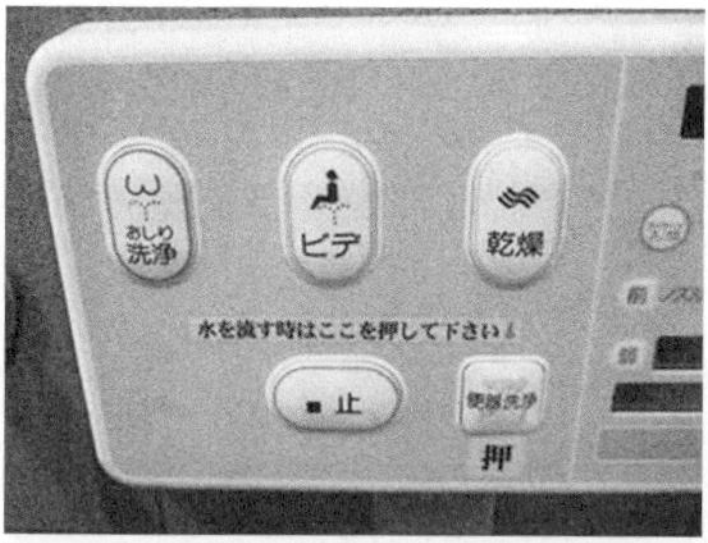

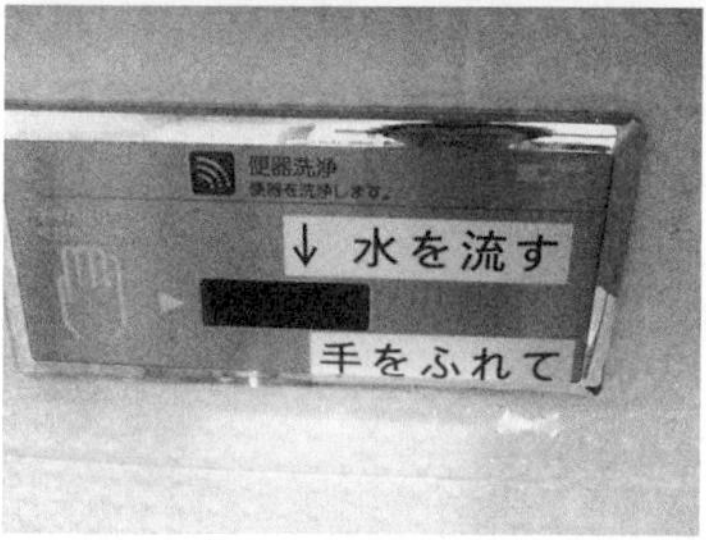

後で紹介する「画像なぞなぞ認証」（P272）のような手法が流行しないのも、知識の呪縛が影響している可能性があります。画像なぞなぞ認証では、自分だけが詳細を知っている写真を問題として選ぶ必要があるのですが、ある写真の詳細を自分が知っているときは他人もそれを

知っているような気がしてしまいますから、認証問題として強度が弱いように錯覚しがちです。逆に、自分が覚えにくい変なパスワードの場合、他人にとっても破るのが難しいだろうと勘違いしがちです。知識の呪縛が存在する限り、この問題を解決するのは難しそうな気がします。

自分が作った機械を世の中に普及させたいのであれば、自分以外の誰もが使えるようにする必要があります。他人の嗜好や考え方を充分想像することができなければ、自分だけしか使えないシステムしか作ることはできないでしょう。他人の頭の中を知るのは難しいことですが、常に他人からのフィードバックに耳を傾けるような努力が必要だということを充分認識していれば、知識の呪縛のために失敗する可能性を最小限にすることができるでしょう。

＊9　チップ・ハース、ダン・ハース著、飯岡美紀訳『アイデアのちから』日経ＢＰ社、２００８年 ISBN:4822246884

7　自己正当化の圧力

人はいつでも自分の判断は正しいと思っているもので、よほど痛い目にあわないとなかなか反省しないものです。大抵の説教は役にたちませんし、叱られたときは謝る前に言い訳をしてしまいます。

悩んだ後で難しい判断をした場合や間違った選択をしてしまった場合、自分の行動は正しかったという理由を無理矢理探して自分を納得させることがあります。一方、何気ない選択や行動をした後でも、人間は常に自分の行動は正しかったと解釈しがちであることが知られています。自分の行動は正しかったと信じることによって心の平安が得られるからだと思われます。このような「自己正当化の圧力」は非常に強いものであり、キャロル・タヴリスとエリオット・アロンソンの『なぜあの人はあやまちを認めないのか』[*10]という本で様々な例が紹介されています。

例えば、高価な商品を購入した場合、買うかどうかを直前まで迷っていた場合でも、いったん購入してしまった後では、自分の商品選択が正しかったことを信じようとする心理が働くため、その商品の評価は購入前よりも購入後の方が高くなることが実証されています。

購入を検討している商品の評判を知りたい場合、その商品をすでに購入済みの人の意見を聞こうと考えるのが普通でしょう。しかし、購入してしまった人は自分の購入行動を無意識に正当化しようとして、その商品の価値を高めに見積もるバイアスがかかってしまうため、妥当といえない評価を行なう可能性が高くなります。なかでも家や車のように高価で返品が難しいものを購入した場合や、大量の時間と労力を投入した場合のように、やり直しがきかないことに対しては、自己正当化の圧力がより強まることが知られています。

無意識に働く自己正当化の圧力のために、理性的に見えない行動を取ってしまうこともあります。悪徳商法に騙されたことがある人は二度と騙されないように注意するものだと思うかもしれませんが、騙されたときの自分の判断を無意識に正当化しようとするあまり、間違った判断を繰り返して似たような話に何度も騙されてしまうこともあるようです。

また、現在の行動を正当化するために、過去の記憶を無意識に改竄《かいざん》してしまうことすらあるようです。他人から見ると適当な嘘をついているように見える場合でも、本人は本当にそう信じていると話がこじれてしまいます。間違った記憶が生じる根本的な理由は、自己正当化の圧力である可能性があります。

＊10　エリオット・アロンソン、キャロル・タヴリス著、戸根由紀恵訳『なぜあの人はあやまちを認めないのか』河出書房新社、２００９年 ISBN:430924470X

＊自己正当化による説明

人間の様々な行動は自己正当化の心理で説明することができます。心理学者のスタンレー・ミルグラム[*11]は「六次の隔たり」[*12]を発見したことで有名ですが、「服従実験」[*13]と呼ばれる実験を行なったことでも有名です。これは、ナチスの命令によりユダヤ人虐殺が行なわれたことをふまえ、「権威のある人間に命令されれば人は殺人さえ行なうのか」ということを調べるために行なわれた実験で、「アイヒマン実験」とも呼ばれています。

服従実験では、「罰によって記憶能力が変化するかどうかを調べる実験をする」という名目で集められた被験者が教師役となり、生徒役の被験者（実はサクラ）と組になって、記憶の成績が悪いと電気ショックを与えるという実験を繰り返します。生徒が間違えるたびに電気ショックを強くするのですが、生徒が激しい痛みを訴えるほどショックが強くなった場合でも、実験を続行するようにという実験主催者の指示に従い、生徒が死ぬレベルまで教師役の被験者はショックを与え続けた、という衝撃的な結果が得られたのです。

普通の人間でも命令されれば、非道なことを行なってしまう可能性があるということを示したこの実験結果は驚くべきものです。何度も追試が行なわれた結果、この実験結果の信憑性については疑問がないと考えられています。しかし、何故人間がこのような行動をとってしまうかの解釈については議論が分かれています。

人間がこのような行動をとってしまう理由として、「人間は権威に弱く、権威あるものに命令されると従ってしまう」という解釈が一般的です。しかしこの実験について、ミルグラムの『服従の心理』[*14]という本を訳した山形浩生氏は、同書の解説で「人は権威に服従しているのではなく、権威を信頼しているからこのような行動をとってしまうのだ」という解釈を示しています。

どちらの解釈も権威の存在を前提としていますが、実は権威が存在しない場合でも自己正当化の圧力によって、このような行動をとってしまうのだという解釈も考えられます。ロバート・B・チャルディーニの『影響力の武器』[*15]という本では、セールスなどにおいて他人に影響を与えるための様々なテクニックやその対策が解説されています。例えば人間には、他人に何かをしてもらったとき借りを返さなければならないと感じてしまう「返報性の原理」というものがあるので、小さな恩を売ることによって大きな見返りが得られる可能性が示されています。

この本では他にも数種類の原理が解説されていますが、返報性の原理と並んで重要な「一貫性の原理」というものについても解説されています。人間は矛盾する行動をとることを嫌がるものなので、小さな頼みを聞いてもらった後でそれに似た大きな頼みをお願いすると、そちらも承諾してもらえる可能性が高くなるのだそうです。

この「一貫性の原理」は「自己正当化の圧力」と似ているように思われます。一度何かの依頼を受諾した場合、それに似た別の依頼を断ることを正当化できず、依頼を受諾せざるをえなくなるのです。服従実験の場合も同様で、実験のために一度苦痛を与えてしまった場合、その行為を正当化するためには何度でも苦痛を与えることが必要になります。

つまり、自己正当化の圧力が充分に強ければ、権威が存在しない場合でも服従実験のような結果が出てしまうかもしれません。服従実験以外の心理学実験に対しても、「自己正当化の圧力」という考えで解釈できることが多いようです。

＊11　http://ja.wikipedia.org/wiki/スタンレー・ミルグラム
＊12　http://ja.wikipedia.org/wiki/六次の隔たり
＊13　http://ja.wikipedia.org/wiki/ミルグラム実験
＊14　スタンレー・ミルグラム著、山形浩生訳『服従の心理』河出書房新社、２００８年
ISBN:4309244548

＊15　ロバート・B・チャルディーニ著、社会行動研究会訳『影響力の武器―なぜ、人は動かされるのか』第三版、誠信書房、２０１４年 ISBN:4414304229

＊自己正当化力の活用

18世紀の米国で政治家・発明家として活躍したベンジャミン・フランクリンは、『フランクリン自伝[＊16]』で、自己正当化の力を使うことによって、敵対していた人物を味方に変えることに成功した逸話を述べています。

フランクリンは、自分を嫌っていると思われる人から本を借りるという方法をとりました。その人物は、いくら嫌いだとはいえ知人からの依頼を無下に断るわけにもいきませんから、気が進まないながらも本を貸すことになったわけです。すると、「何故嫌っている人間に自分は本を貸してやるのだろう」と無意識に悩んだ結果、「嫌いな人間に本を貸すはずはないから、自分はフランクリンを嫌っていないのだろう」という自己正当化心理が働き、その後はフランクリンに敵対的な行動をとらなくなったのだそうです。

他人を味方につけようとするとき、その人の得になるようなことをしてあげればよいと考えがちですが、それよりも何かを頼むことの方が効果的だというのは面白いところです。自己正当化力の強さは相当なものだといえるでしょう。

＊16　ベンジャミン・フランクリン著、松本慎一、西川正身訳『フランクリン自伝』岩波書店、1957年 ISBN:4003230116

＊自己正当化力のコントロール

間違った判断に結び付きやすいにもかかわらず、自己正当化の力が強く残っているのは、自己正当化が生存競争で有利に働くことが多いからだと考えられます。

敵に追われたとき、どちらに逃げるべきか悩んでいるよりも、さっさと決めた方向に全力で逃げる方が生き残りやすいはずです。また、ひとたび結婚してしまったなら、その結婚が正しかったかどうかをクヨクヨ悩むよりも、選択の正しさを完全に信じて生きる方が平穏に暮らせます。常に自分が正しいと思っている人は、精神的に悩むことも少なくてすむものです。自己正当化力が強いほど、生き残りに有利だったのかもしれません。

とはいえ、現代では自己正当化力が強いと様々な問題に遭遇するのは確かです。自己正当化力が強い人は、頑固で喧嘩が絶えないと思われていることでしょう。私たちは過度の自己正当化を行なっていないか注意して行動することが必要でしょうし、自己正当化の力を利用して騙されていないか注意することも必要になります。

また、何かを設計するときも自己正当化の罠に陥らないようにする注意が必要です。いったん設計方針を決めた後でも、問題や改良案がみつかった場合はすぐに方針を変更するべきですが、大きな方針変更は以前の決定の否定になるので自己正当化の圧力と対立してしまいます。設計の初期段階でデザインを詳細まで決めてしまうと、発想が制限されがちであることが知られていますが、自己正当化による弊害を防ぐためにも、後からの方針変更の余地を残しながら柔軟に設計を進めていくといいかもしれません。

8 練習の効果

何かの練習を始めるとき、最初のうちは上達が実感できるものの、続けるうちに上達の速度が落ちたりスランプに悩んだりすることは誰もが経験することだと思います。ジェラルド・ワインバーグの名著『ライト、ついてますか[*17]』などの翻訳者としても有名な東京工業大学名誉教授の木村泉氏は、練習量と上達の関係を定量的に評価したいと考え、大量の折り紙を自分で折るのに要する時間を計ることによってその関係について考察しました。[18]

木村氏は、吉澤章氏の『創作折り紙[19]』という本で紹介されている「みそさざい」という作品を15万回折り続け、折るのにかかった時間がどのように変化したかを記録しました。折るのに要した時間を縦軸に、試行回数を横軸にして両対数グラフを描いた結果、上の図が報告されています。

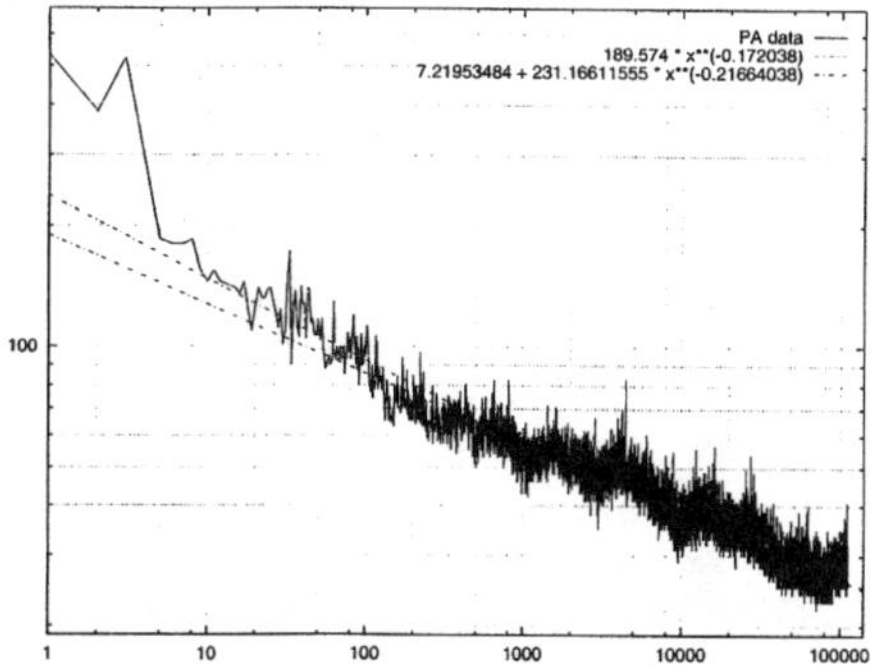

みそさざいを折った練習回数と作成時間

同じ折り紙を15万回も折り続けて時間を計測するという途方もない努力の結果、とても興味深い結果がこのグラフにあらわれています。このグラフでは以下のような特徴を見ることができます。

練習回数と上達度は冪乗則に従う　両対数グラフ上に描かれたグラフが直線になるような関係があるとき、これらは冪乗則《べきじょうそく》（巾乗則、Power Law）に従といいます。実験結果を見ると上達度はきれいに冪乗則に従っていることがわかります。このことを木村氏は「練習の冪乗法則」と名付け、様々な考察を行なっています。例えば2倍上達するのに100回の練習が必要なのであれば、2×2＝4倍上達するのに100×100＝10000回の練習が必要だということになります。なかなか上達の道は厳しいことがわかります。

スランプの時期がある　練習量と上達度はおよそ冪乗則に従うというものの、練習しても上達しないばかりか、かえって下手になっていくこともあります。しかしスランプを脱出すると、一気に上達が進み、大局的には冪乗則のとおり上達が進みます。

値の揺れのパタンがある　急速に上達したと思っても、揺り戻しのようにスランプ状態になっている場合が何度も観測され、周期的にギザギザしたグラフになっています。上達の様子に何故このような傾向があるのかについては研究が必要でしょうが、何らかの試行錯誤的なニューロン変化が脳内で起こることによって、一時的には下手になったように見えつつも最終的に上達が目に見える形として出現しているようです。

コンピュータ上の最適化計算[*20]でも同じようなパタンが見られることがあります。8×8のチェス盤と8個のクイーンを用意し、ふたつのクイーンが同じ行や列や斜め線上に並ばないように配置する「エイト・クイーン」というパズルがあります。次ページの上の図ではすべてのクイーンが異なる行や列に配置されており、ふたつのクイーンが斜めに並んでいることもないので、これはエイト・クイーンパズルの正しい解のひとつになっていますが、下の図では灰色の背景のところのクイーンが斜めに並んでしまっているのでこれはエイト・クイーンの解ではありません。解は全部で92通り（対称なものを同じと考えると12通り）あり、人間がこれを解くのはかなり大変ですが、コンピュータを使えば簡単に解くことができます。

　コンピュータでエイト・クイーンパズルを解こうとする場合、端から順番にクイーンを配置してみてそれが正解になっているかを判定するという総当たり方式で答を探すのが一般的

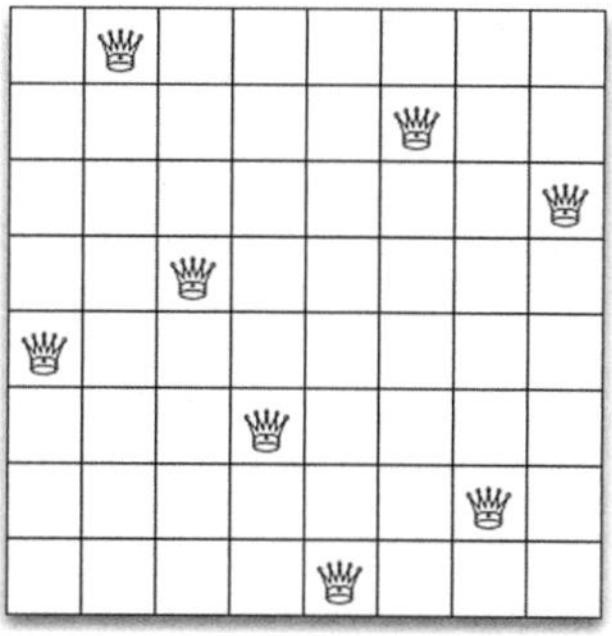

エイト・クイーンの正解のひとつ

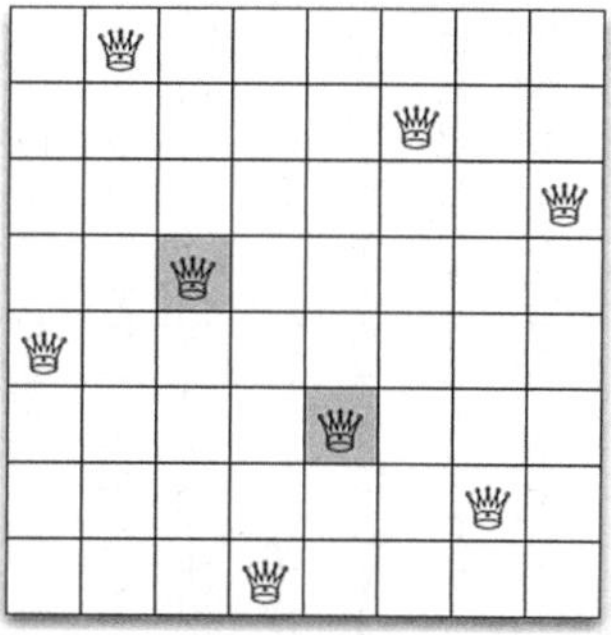

解ではない配置

ですが、確率的な最適化アルゴリズム（計算方法）である遺伝的アルゴリズムを使って解くこともできます。

遺伝的アルゴリズムとは、遺伝子が徐々に変化していくことによる生物進化と同じような方法を使ってコンピュータ上で最適値を計算するアルゴリズムです。正しい答を計算するのは難しいけれども、答がどれぐらいよいものかを判断することは可能な問題があるとき、最初にランダムな答をいくつか用意するところから始めて、次第によい答に変化させていきます。

答を変化させるとき、生物が子孫を残すときと同じような遺伝子の「交配」（ふたつの答の一部を交換する）演算や「突然変異」（答の一部をランダムに変化させる）演算を適宜行なうことによって、理想的な答にだんだん近付いていくことを期待するのです。

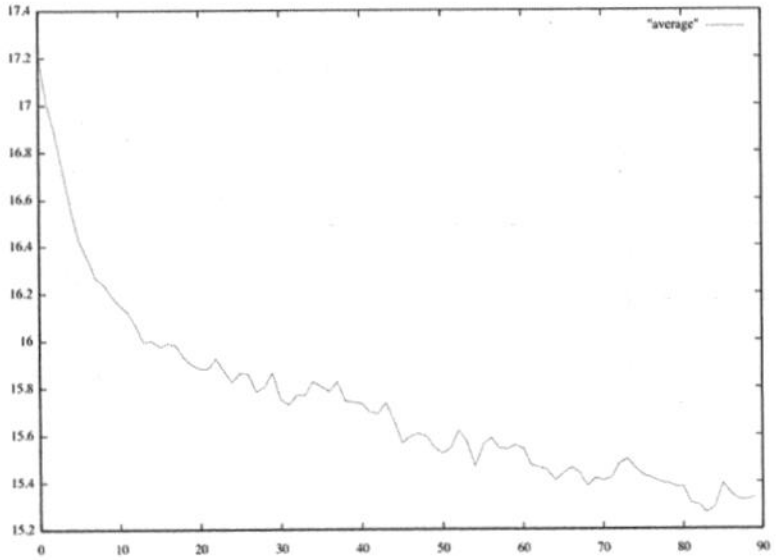

右の図は20×20の盤を使った「20-Queen」を遺伝的アルゴリズムで解いてみようとした例です。最初にランダムな解の集合を用意し、なるべくクイーンの衝突が少ないものが残るように遺伝的操作を繰り返しながら新しい世代を計算していくと、平均衝突数が減少していき

ます。

遺伝的アルゴリズムによる試行錯誤が行なわれた結果として、解が最適値に近付いていく様子がわかりますが、単調に近付くのではなく、よくなったり悪くなったりしながら全体として最適解に近付いていく様子は、前述の折り紙の上達曲線と似ているといえるでしょう。

＊17　ドナルド・C・ゴース、G・M・ワインバーグ著、木村泉訳『ライト、ついてますか―問題発見の人間学』共立出版、1987年 ISBN:4320023684

＊18　木村泉『長期的技能習得データの「見晴らし台」とその意義』日本認知科学会第20回大会発表論文集、pp.28-29、2003年

＊19　吉澤章『創作折り紙』（NHK婦人百科）、日本放送出版協会、1984年 ISBN:4140310286

＊20　様々なことを最もうまく実現する条件をみつける計算。乗換案内の経路探索は比較的簡単な最適化計算です。

＊上達曲線の活用

人間の上達曲線にもコンピュータで最適値を求める曲線にもパタンが存在するのであれば、これをうまく活用する方法が考えられます。例えば何かを練習しているとき、一度でもうま

くいったことがあるならば、その後で多少スランプが続いたとしても「脳の中で試行錯誤が行なわれているのだ」と解釈して練習を続ければ、一定期間後にスランプを脱出できる可能性は高いといえます。

木村氏のデータでは、1万回目から2万回目までほとんど上達が見られません。これだけスランプが続くと嫌になりそうなものですが、冪乗則を信じていれば、かならずスランプを乗り越えられると期待できますし、スランプ脱出の時期もだいたい予測できたから実験を続行できたのかもしれません。

逆に、上達の見込みがない場合は、初期段階において上達曲線の傾きがゆるやかだということがわかるので、その傾向が明らかであれば早目に見切りをつける決心がつくかもしれません。先が見えてしまうことは悲しいことでもあるでしょうが、人生を無駄にしないためにこのようなデータを利用することには意義がありそうです。

9 手品とインタフェース

奇術や手品は人間の錯覚や勘違いを最大限に利用したエンターテインメントです。人間は錯覚や勘違いの塊ですから、突然何かが変化しても気付かなかったり、慣れたものを見逃したりするので、手品の達人は観客の目前でも易々《やすやす》とイリュージョンを見せることができ、観客はそれを見て驚き楽しむことができます。

人間の知覚能力や認識能力がたいしたものではないという事実は、一般には不利なはずですが、そのおかげで未熟な技術でも実用的に使えて都合がいいこともあります。テレビや映画は1秒間に30枚程度しか画面を表示していないにもかかわらず、動画がなめらかに動くように見えるのは、人間の知覚能力が低いおかげといえるでしょう。

人間が勘違いをしやすいという点は、逆に考えると「イリュージョンを見る能力がある」という長所だと考えることもできます。コンピュータシステムの入出力が多少いい加減だとしても、人間のこの「長所」のおかげでそれなりに使えているものは多いでしょう。

例えばマウスでカーソルを動かすとき、カーソルの位置は飛び飛びにしか動きませんが、人間の目にはなめらかに動くように見えます。メニューバーをクリックしてプルダウンメニューを表示するとき、メニューのウィンドウをいきなり表示したとしても、メニューバーが拡大してメニューが表示されたように見えるものです。また、次ページの図のような2枚の画像を交互に表示すると、人間の低い知覚能力によって間が補間されて、あたかも針が左右

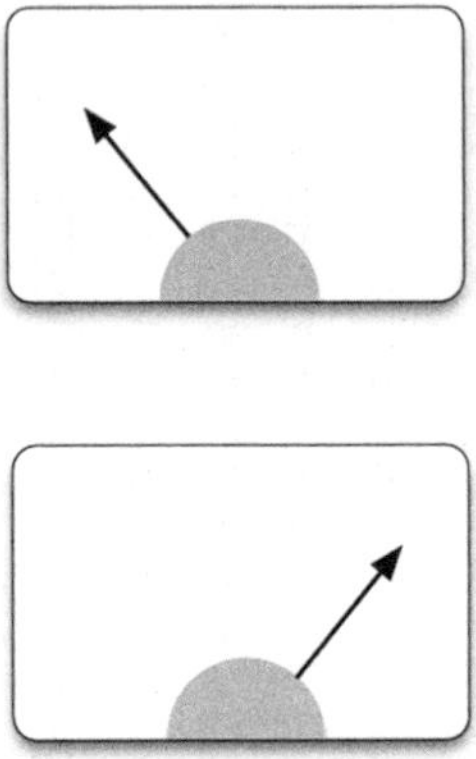

に振れているように見えます。[*21]

静止画を連続提示すると動いているように見える現象は、「仮現運動[*22]」と呼ばれ、東京芸術大学の佐藤雅彦氏が監修しているＮＨＫの人気番組「ピタゴラスイッチ」の「こんなことできません[*23]」というコーナーでは、この現象を使った面白い映像が多数紹介されています。

メニューに限らず、コンピュータのグラフィカルユーザインタフェース（ＧＵＩ）は、人間の錯覚をうまく利用した手品的な手法を活用しているものだということができます。

ＧＵＩ画面にはプログラムやファイルを表現するアイコンが表示され、あたかもそれらのアイコンが実在する物であるかのように操作できるようになっていますが、「ファイル」の実体も、それを表現する「アイコン」も、その操作方法も、実際はイリュージョンであり、ハードディスク上の磁気データの並びやその操作とはかけ離れた存在です。

ＧＵＩをはじめとするコンピュータのユーザインタフェースは完全に手品的なものであり、ユーザが積極的に騙されることによって、わかったような気になってコンピュータを利用することができるようになっているというわけです。「表示されているアイコンとハードディスク内のデータはどういう関係なのだろう」などといちいち悩んでいたら、パソコンで仕事などできません。

マッキントッシュの初期のGUI作成に深くかかわったブルース・トグナッツィーニ（愛称Ｔｏｇ）[*24]は、舞台上の手品とコンピュータのユーザインタフェースには沢山の共通点があると指摘しています。[*25]彼の持っている奇術の本には、奇術では以下のような要素が重要であると書かれているそうです。

●整合性
●統一感
●単純さ
●実世界メタファ
見慣れたものは知っていると感じるものである
●ユーザテスト
普通の人に見せてテストしろ。普通の人からの意見は間違っているかもしれないが、問題のある場所の指摘は正しい。

これらの指摘が、ユーザインタフェースの設計指針と酷似していることに驚いてしまいます。このような地味な注意が必要であることに加え、舞台の手品では芸人としての手腕が要求されます。奇術の演者は人間的に魅力がなければなりませんし、話術を交えたりしながらなめらかに、簡潔に技を披露する必要がありますが、このような点もインタフェースの設計と共通しているといえるでしょう。

Ｔｏｇの設計したインタフェースでは、このような「芸人根性」（ショーマンシップ）を充分考慮したそうです。例えばファイルを消すのに使う「ゴミ箱」アイコンは、実世界メタファの応用というだけではなく、ユーザがその存在を可愛いと思うから採用したのだそうです。また、システムに芸人根性を発揮させてユーザに働きかけをすることにより、新しいユーザを開拓したり親しみを持たせたりする各種の工夫がなされているそうです。

その他、奇術における以下のような工夫がインタフェース作成でも重要だということです。

●心理的効果をうまく使う

イリュージョンは95%が心理的なもの。トリックが1割以上あればやりすぎ。

●観客の気をそらさない

観客の気をそらすようなものがあるとダメ。何か邪魔なものがあり、観客の目につくと手品に関係があるように見えてしまう。

●疑惑を払拭する

観客から疑惑が発生する前に、それを払拭するような方法を使うことが重要。例えばアシスタントを消すマジックの場合、あらかじめ薬を飲ませてアシスタントを硬直させておけば、アシスタントが別の何かと入れ替わっても変だと思われにくい。

●本当に起こっていることを隠す

本当に起こっていることと、起こっているように見えることは全然違う。観客にはそれらしいことだけ見えるようにする。

●時間の扱いを工夫する

トリックが開始されたと観客が思うより前に実は始まっていたり、終わったように見えて終わってなかったり、現在のトリックと次の準備が同時進行していたりする。何かが起こっている雰囲気を出すためにわざと行動を遅くしたりするのも有効。

高度に発達した科学は魔術と区別がつかないといわれていますが[*26]、高度に工夫されたインタフェースも魔術と区別がつかないといえるでしょう。手品の手法を駆使し、不思議なほど使いやすいインタフェースを作っていきたいものです。

＊21 http://www.pitecan.com/sumaho/vu.gif
＊22 http://ja.wikipedia.org/wiki/ ファイ現象
＊23 http://www.nhk.or.jp/kids/program/pitagora_boshu.html
＊24 http://www.asktog.com/
＊25 Bruce Tognazzini. Principles, Techniques, and Ethics of Stage Magic and Their Application to Human Interface Design. in Proceedings of the INTERACT '93 and CHI'93 Conference on Human Factors in Computing Systems, pp.355-362, 1993.http://doi.acm.org/10.1145/169059.169284
＊26 http://ja.wikipedia.org/wiki/ クラークの三法則

10　時間感覚のコントロール

コンピュータの反応時間は、速いほどいいと考えられています。ユーザの操作に対して即座に反応するシステムは、「サクサク」動くといって喜ばれますが、反応が鈍いシステムは「もっさり」といわれて嫌われます。自分のパソコンがもっさりしていると気分が悪いので、少しでも速くするために高い金を出して改造する人も多いようです。

ウェブページの反応時間が0・1秒以内であればストレスがなく、5秒反応しないページには誰も戻ってこないといわれており、ウェブサービスの反応時間をよくするためにサービス提供者は苦心しています。

コンピュータがサクサク動く場合でも、操作方法が難しいと気持ちよく使うことができません。コンピュータを操作するとき人間がどれだけ疲れるかを定量的に計測するのは大変ですが、どれだけ時間がかかるか調べるのは簡単ですから、システムの使い勝手を調べたいときは操作時間が短いほどよいシステムであると判断するのが一般的になっています。

＊不確かな時間感覚

多くのアプリケーションにおいて、メニュー項目として用意されている機能が「キーボードショートカット」として定義されており、マウスを使って呼び出すことも特定のキーを叩いて呼び出すこともできるようになっています。メニュー操作は、遅いけれども初心者でも使えるのに対し、熟練ユーザが効率よく使うためにキーボードショートカットが用意されているのだと一般に信じられていますが、前節（P55）で紹介したブルース・トグナッツィーニ（Ｔｏｇ）がアップルに勤務していたとき、沢山の実験を行なった結果、常にキーボードショートカットはマウス利用よりも遅いということが判明したそうです。[*27]

「そんな馬鹿な！　複雑なマウス操作がキーボード操作より速いわけがない！」と思う人は多いでしょうし、私もそう思います。また、実験に参加したユーザ自身もキーボード操作の方が速かったと感じていたそうですが、計測結果を見ると常にマウス操作の方が速く、いくら実験してもこの結果は変わらなかったということです。

Ｔｏｇの考察によれば、ショートカットキーの利用には高次レベルの思考が必要になっており、そのときユーザは一時的に記憶喪失になっている（！）ため、短い時間で操作できたように錯覚してしまうのだろうということでした。それほど人間の時間感覚はあてにならないということなのでしょう。

＊27　http://www.asktog.com/TOI/toi06KeyboardVMouse1.html

＊時間の有効活用

コンピュータの使いやすさを判断するときは、実際の作業効率よりもユーザの満足感の方が重要です。システムの動作が遅くてもユーザの体感時間が短ければ遅さは気になりません。操作に対して0・1秒で反応するシステムと1秒かかるシステムは全然違いますが、0・01秒で反応するシステムと0・01秒で反応するシステムの違いはわかりません。また、大規模な計算をするときは、10分かかろうが10時間かかろうが待つことに変わりはないので気分的に大きな違いはないでしょう。コンピュータの使い勝手は多分に人間の性質や気分に影響されるといえるでしょう。

工夫によって体感時間を減らすことができれば、遅さに起因するイライラを減らすことができるでしょうし、体感時間を長くすることによって楽しい時間を長引かせることができるかもしれません。前述のような錯覚はいくらでもあるのでしょう。そのような結果がいくら示されてもユーザがすぐに行動を変えることはないかもしれませんが、時間の錯覚をうまく応用することによって、様々なシステムをより気持ちよく使えるようになる可能性はあります。少しその例を考えてみます。

遅いシステムを誤魔化す　注視している対象は動きが遅いように感じられ、注意を払っていないものは速く動くように感じられるものです。湯を入れたカップラーメンをじっと見ていてもなかなか時間がたちませんが、ちょっと目を離した鍋はすぐにコゲてしまいます。デジタルフォトフレームをじっと見ているとなかなか画面が切り替わりませんが、仕事机の脇に置いておけばどんどん表示が変化するように感じられます。自分の家族の成長はゆっくりしていますが、他人の子どもはどんどん大きくなって驚くことがあります。ユーザの注意をうまくそらすことができれば、システムの遅さを隠せる可能性があります。

エレベータをじっと待っているとイライラするものですが、エレベータの前に鏡を置くだけでイライラが減るという話がありますし、[*28] デジタルサイネージ（動画広告）などを置けば宣伝効果とイライラ減少効果の両方が期待できそうです。起動が遅いソフトウェアはイライラするものですが、起動中であることを示すアニメーションを表示したり関連情報を表示したりすることによって、イライラを減らすというテクニックは広く使われています。待ち時間をきちんと提示し、かつユーザの注意をうまくそらすことによってシステムの遅さをかなりごまかすことができるでしょう。

時間を長く使う　歳《とし》をとると時間がたつのが早く感じられるものです。時間がたつ速度が年齢に比例するという「ジャネーの法則[*29]」が19世紀から知られていましたし、時間感覚と年齢に相関があることは確かなようです。老化による体の変化によるものだという説もありますが、新しい刺激が少なくなるためだという説が有力です。

ジャネーの法則は、新しい経験の量に体感時間が比例することを示唆していますが、いつも同じことをしていると新しいことを考えなくなってしまうので、時間が速く経過してしまいます。引っ越しや転職などは面倒なものですが、新しい経験をすることが多いので、その直後は時間が長く感じられるものです。有意義な時間を使った気分を味わうためには、新しい面倒なことを沢山体験してみるのがいいでしょう。

スキマ時間をうまく使う　時間はいつも足りないものです。ぼーっとしているとあっという間に時間がたってしまいますが、わずかな空き時間も無駄にしない工夫をすると時間を有効に利用できます。電車が来るのを待つ時間や料理が来るのを待つ時間など、生活の中には短い「スキマ時間」が沢山ありますが、スキマ時間も蓄積すればかなりの量になるので、時間を有効利用するにはスキマ時間を活用するためのシステムが必須です。

昔は電車の中で新聞や本を読む人が沢山いましたが、最近はスマホやタブレットを使っている人が圧倒的に多いようです。スマホの小型さと手軽さがスキマ時間の活用に有効だということでしょう。まとまった時間をとりにくい人でも電車の中などのスキマ時間を利用すれば長い映画を観ることができますし、体感時間が短くなるので通勤の辛さが軽減されます。インタフェースを進化させれば、スキマ時間をもっといろいろなことに活用できるようになるでしょう。

私はファミレスなどで食事を待つ間にタブレットで映画を観たり、電車で立っているときでもノートパソコンでプログラムを書いたり、スキマ時間を活用する工夫をしていますが、現状ではこれらはあまり自然な行動に見えないかもしれません。どのような環境でも自然な形でスキマ時間を利用して楽器を演奏したりプログラムをデバッグ（修正）したりできるようなコンピュータやインタフェースを開発し、人生の時間を有効に利用できるようにしていきたいと思っています。

＊28　ドナルド・C・ゴース、G・M・ワインバーグ著、木村泉訳『ライト、ついてますか―問題発見の人間学』共立出版、１９８７年 ISBN:4320023684
＊29　http://ja.wikipedia.org/wiki/ジャネーの法則

11　じっくりとあっさり

操作のタイミングによって挙動が変わるインタフェースは一般に推奨されていません。装置の使い方に慣れていない人がゆっくり操作したときにうまく動かないと困るからです。このため、普通のパソコン操作ではマウスボタンを速くクリックしてもゆっくりクリックしても動作は変わらないようになっていますが、ダブルクリック操作のようにタイミングが問題になる操作もあり、これを難しいと感じるユーザも多いようです。

ボタンの数が少ない機器では、ボタンの長押しに特別な機能を割り当てているものがありますが、割り当てられた機能と長押し動作との関係を覚えにくいと使いにくく感じられます。

例えば「#」キーを長押しするとマナーモードになる携帯電話がありますが、「#」の長押しとマナーモードの関係を直感的に覚えることは困難です。また、ウィンドウズのシフトキーを長押しすると「フィルタキー機能」が有効になってキーの高速操作ができなくなるようになっていますが、この機能はキー割り当ても解除方法もわかりにくいうえに、うっかりシフトキーを押してこのモードに入ってしまう危険もあるため、かなり疑問が多い仕様だといえるでしょう。

一方、キーやボタンの長押しがうまく利用されている場合もあります。キーを押しっぱなしにするとキーの文字が連続入力される「キーリピート機能」は便利ですし、電源ボタンを長押しすると完全に電源をオフにする機能は様々な機械で採用されています。これらの機能は「気合いを入れたいときは長押しする」という感覚と結び付いているので覚えやすいのだと思われます。

気合いを入れて何かを操作したいときはじっくりと操作を行ない、そうでない場合はあっさり操作することによって、システムの挙動を変化させるやり方は有効なことが多いと思われます。操作の気合いによってシステムの挙動を変える方法はいろいろ考えられます。


じっくり操作すると繰り返す　キーをじっくり押したとき、キーが連続入力されるキーリピート機能は、同じ文字を沢山入力する場合やカーソルの移動などで活用されていますが、それ以外の場合でも有用なことがあります。同じ操作を2度繰り返した後で「繰り返しキー」を押すことによって、繰り返された操作を再実行することができるDynamic Macro[*30]というシステム（P230で解説）を私は愛用しているのですが、繰り返しキーをじっくり押し続けると、キーリピート機能のおかげで繰り返しキーが連続入力されるため、キーを押し続けているだけで何度も同じ操作を連続実行することができます。例えば連続する2行を字下げした後で繰り返しキーを押し続けると、後に続く行がどんどん字下げされていくことになります。「じっくり操作すると操作が繰り返される」という感覚はかなり共通に利用できるようです。

じっくり操作すると実行レベルが変わる　多くの携帯電話やスマホでは、電源キーをあっさり押すと実行中の操作がリセットされ、じっくり押すと完全に電源が切れるようになっています。この場合、あっさりしたキー操作に対応する機能とじっくりしたキー操作に対応する機能が似ており、じっくり操作によって完全に機能が実行されたという感覚が得られています。あっさり操作するとそれなりに、じっくり操作すると完全に処理が行なわれる対応は比較的理解しやすいと思われます。

じっくり操作すると太くなる　筆圧を検出できるペンタブレットを使うと、筆圧に応じてペンの太さを変化させながら筆のように線を描くことができますが、筆圧を検出できないタブレットでも、ペンを動かす速度によって描く線の太さを変化させ

味ペン

ることにより、筆のように線を描くことが可能になります。明治大学の渡邊恵太氏が提案した味ペン[*31]をはじめ、様々なシステムが提案されています。

じっくり操作すると精度がよくなる　精度が重要な場合はじっくり操作を行なうことが多いので、操作の速度によって各種の精度を変化させる手法が考えられます。室蘭工業大学の佐賀聡人氏は、じっくり図を描いたときはきめ細かな図を描くことができ、高速にあっさり図を描いたときは円や矩形のような標準的な図を描くことができる「ファジースプライン曲線」による描画システム[*32]を提案しています（上図）。このように、操作を行なうときの気合いに応じて操作の精度を変化させるという手法は、図形の編集作業で有効だと思われます。

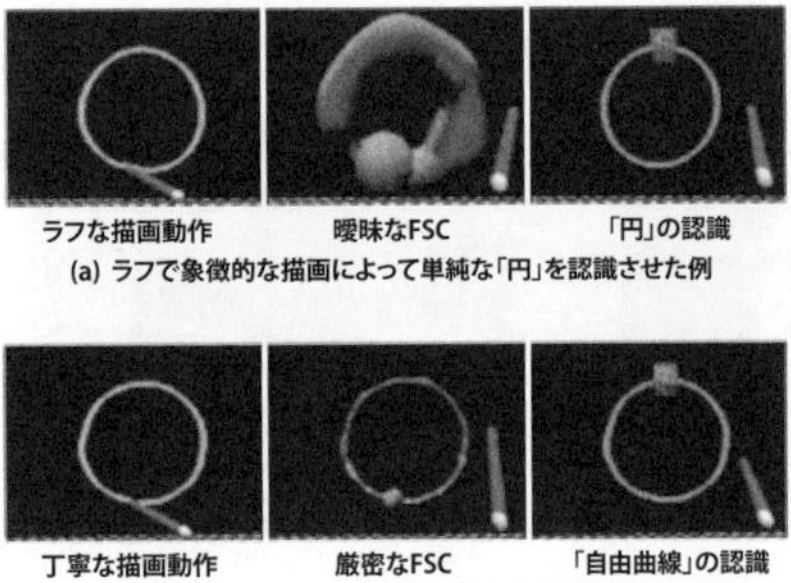

(a) ラフで象徴的な描画によって単純な「円」を認識させた例
(b) 丁寧で具体的描画によって複雑な「自由曲線」を認識させた例

じっくり操作すると細かく検索する　気合いに応じて検索の精度を変化させる方法も考えられます。例えば、入力する速度に応じて予測入力システムの曖昧検索レベルを変化させるようにすると、「mdtrn」と高速に入力したときは「Mediterranean」や「Middle

Western」のような候補を提示し、じっくり入力したときは「Mdtrn」「mdtrn」のような入力通りの候補だけを表示することができるでしょう。

じっくり操作すると編集できる　私はブラウザ上でメモを書いたり情報共有したりするために、自ら開発したGyazz[*33]というウィキシステムを使っています。ウィキ（Wiki）とは、ブラウザ上で情報編集が可能なウェブページの集合のことで、ウィキペディアは世界最大のウィキシステムです。ウィキペディアのような一般的なウィキでは、内容をブラウズするモードと編集するモードが別になっており、編集モードに移行しないと内容を編集することはできませんが、Gyazzでは、表示されている行をクリックして長押しすれば、そのテキストをブラウザ上で直接編集できるようになっています。上の図のGyazzページの1行目は普通のテキストで、2行目には他のページへのリンクが書かれています。リンクの行を普通にクリックするとリンク先のページにジャンプしますが、クリックした後でしばらくマウスボタンを押したままにすれば、編集モードに移行するようになっています。

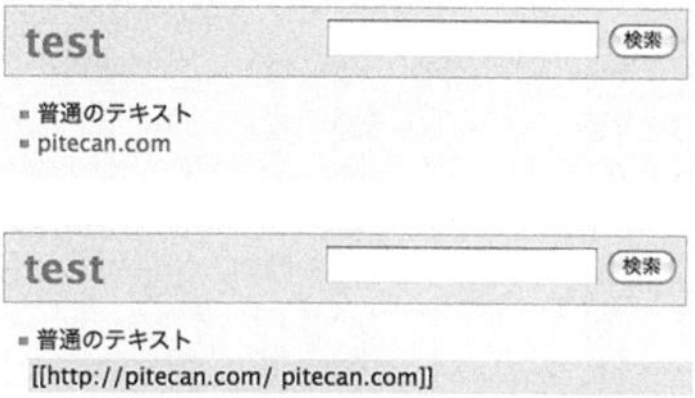

つまりGyazzでは常に「気合いを入れて行をクリックすると編集

モードになる」ということになります。前ページの下の図の2行目のように行が編集モードに変化します。

このような仕組みは今のところGyazzでしか利用できませんが、気合いを入れてクリックすると編集可能になるという仕様に馴染んでしまったため、私は普通のウェブページでもうっかり気合いを入れながらテキストをクリックしてしまうことがあるほどです。気合いを入れてクリックすることによりモードが変わるというインタフェース手法は、他にも応用が可能でしょう。

操作の時間や圧力を微妙に制御することは難しいのですが、じっくりとあっさりの2種類程度であればうまく利用できる機会が多そうです。

＊30 http://pitecan.com/DynamicMacro/
＊31 http://www.persistent.org/ajipen.html
＊32 佐賀聡人、牧野宏美、佐々木淳一「手書き曲線モデルの一構成法—ファジースプライン曲線補間法」電子情報通信学会論文誌 (D-II), J77-D-II, 8, (1994-08), pp.1610-1619. http://www.muroran-it.ac.jp/syomu/mit/mit11/mitno11-2.htm
＊33 http://Gyazz.com

12　変化の認知

人間は時間的な変化の認知が得意ではありません。変化の可能性に気付かず、一時的な状態のことを定常状態だと勘違いしてしまうことがよくあります。何かが一度うまくいったとき、それが普通だと勘違いしてしまうと「待ちぼうけ」[*34]のような失敗をしてしまいます。

以前私は、たまたま通りがかった交差点で財布を拾って届けたことがあります。ところがそれ以降、そんなことは偶然のできごとにすぎないのに、その交差点を通るたびに財布が落ちている気がして地面を確認するようになってしまいました。第一印象が大事だといわれるのは、人間は変化するものだということに気付かないために、最初の印象の状態がずっと持続すると勘違いしてしまうからかもしれません。

旅先の天気が悪かったときは「たまたま天気が悪かった」と考えるべきかもしれませんが、レストランの食事が気に入らなかったときは「今回はたまたま不味《まず》かったが普段は違うかも」とは考えないでしょう。不味いのが定常状態だろうという推論は、大抵正しいと思われます。現在の状態が定常的だという推論は妥当であることが多いため、変化に気付きやすい

初期状態

終了状態

感覚の進化が起こらなかったのかもしれません。

変化があることを理解している場合でも、変化に気付きにくいことがあります。時間間隔を置いて似た画像を交互に表示して違いを発見させたり、一部分の色がゆっくり変化する画像を見せて変化部分を発見させたりする、いわゆる「アハ体験ゲーム」が流行したことがありますが、これは「Change Blindness」[*35]と呼ばれる現象で、条件によって人間は注意していても大きな変化を見逃してしまうものだということがよくわかります。

右の図はChange Blindnessを体験するプログラムの例です。矩形《くけい》群のうちひとつだけは徐々に色が変化するのですが、色の変化が遅い場合、変化があることを知っていてもなかなか気付かないことを体験できます[*36]（モノクロのためわかりにくいですが）。

見ているものの一部がゆっくり変化してもわからないということが交通事故の原因になることもあります。ふたつの車や船などが次ページの図のようにちょうどぶつかる速度で等速移動しているとき、一方から他方は常に同じ角度で見えることになるため、夜間や洋上などで比較対象物が少ない場合、相手が動いていることに気付かずに衝突してしまうことがあります。このような軌跡を「コリジョンコース[*37]」といい、これに起因すると思われる事故が数多く報告されています。

洋上のコリジョンコースでは、相手の船は次ページの図のように見えるはずです。船が移動していくとき、遠くの山も相手のヨットも常に同じ方向に見えているわけですから、大きさが少しずつ変化するだけでは相手が動いていることに気付きにくいでしょう。

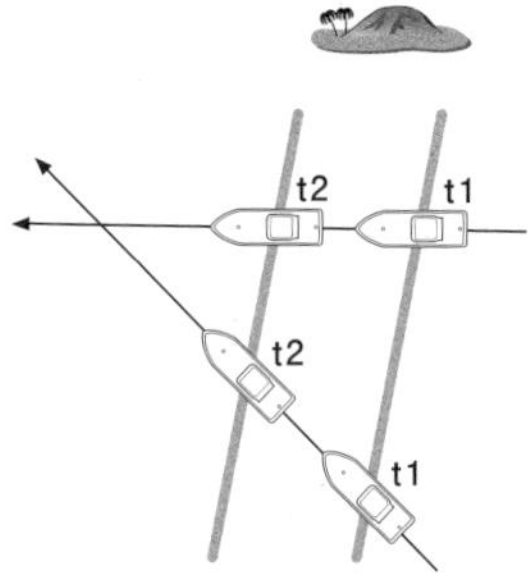

コリジョンコース

動きをはっきり認識している場合でも、将来の変化について的確に把握することは難しいものです。実際、誰もが動きを正確に予測できるのであればシューティングゲームは成立しないでしょう。

ミクシィに「自分の並んだレジの進みが遅い」というコミュ[*38]があったり、進みが早いレジを探す心理術の本[*39]があったりするぐらいで、レジが進む速度を見誤ってイライラするのは人間の常のようです。レジ行列の動きは遅いので流れの速度を視認しにくいことが原因のひとつですが、処理の速さ（ス

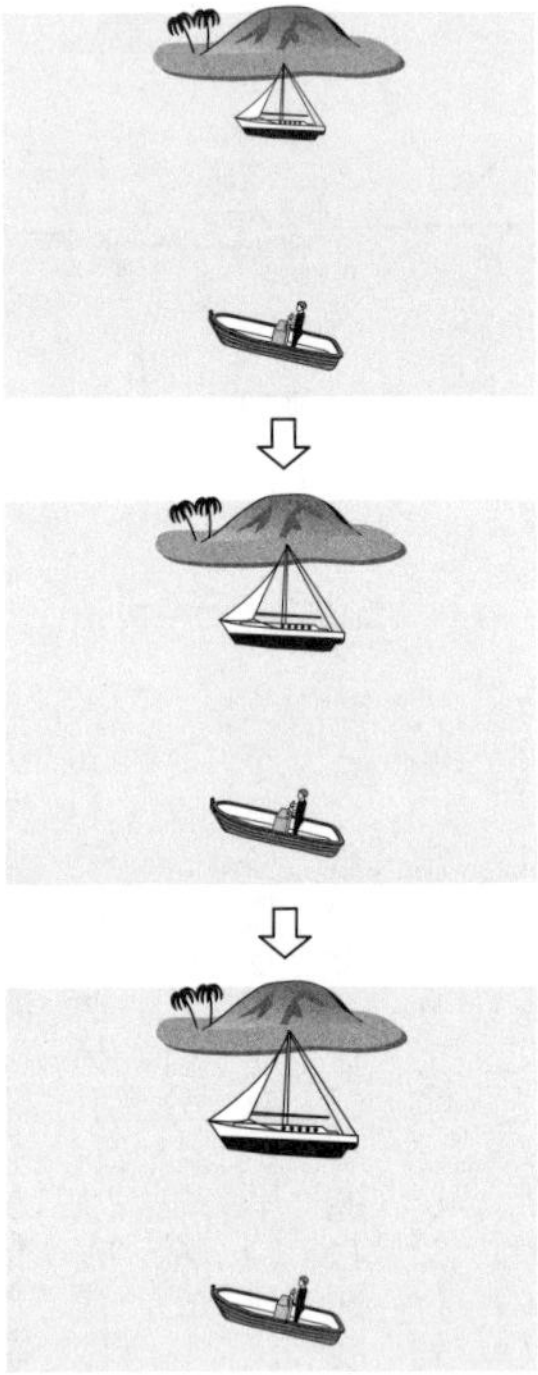

ループット）の見積もりが難しいことも大きな理由でしょう。

目に見えるものの速度を比較することが簡単な場合でも、処理速度や輸送効率に関しては計算が必要で、直感は通用しません。４人乗りのリフトは１人乗りリフトの１／４の速度でも輸送効率が同じですが、４倍速の１人乗りリフトは普通の速度の４人乗りリフトより速そうに見えるでしょう。

前の人との間隔を空けてエスカレータに乗ったり、歩きたがる人に遠慮して片側を空けたりすると、輸送効率が悪くなって渋滞の原因になってしまうのですが、エスカレータの動く速さは一定であるせいか、こういった行為に起因する効率の悪化に気付かない人も多いようです。

＊34　http://ja.wikipedia.org/wiki/ 待ちぼうけ
＊35　http://en.wikipedia.org/wiki/Change blindness
＊36　http://www.pitecan.com/IFPS/cb.html
＊37　http://ja.wikipedia.org/wiki/ コリジョンコース現象
＊38　http://mixi.jp/view-bbs.pl?id=27221&comm
＊39　内藤誼人『レジ待ちの行列、進むのが早いのはどちらか―するどく見抜き、ストレスがなくなる心理術』幻冬舎、２００９年 ISBN:4344016521

＊変化の注意と活用

パソコンが突然壊れて往生するのは、ちゃんと動いているのが定常状態だと勘違いしてしまい、不測の事態への備えが不充分になってしまっているからです。ナシーム・ニコラス・タレブの『ブラック・スワン―不確実性とリスクの本質』[*40]では、これが「感謝祭前の七面鳥」にたとえられています。

感謝祭（Thanksgiving Day）の直前になると、平和に暮らしていた多くの七面鳥を寝耳に水の不幸が襲うことになりますが、[*41]定常状態に慣れた人間も同じようなものだというわけです。変化に気付かない本能を直すのは無理ですが、その欠点に普段から注意しておくことは可能です。ゆっくりした変化に気付かないと致命的になりうることは、「ゆでがえる」や「茶色の朝」[*42]などの寓話でおなじみです。このような不幸や突発的な事故への対応については常に考えておかなければなりません。

逆に、何かを大きく変えたいときは、あせらずゆっくり変化させていくことが有効そうです。昔はアグレッシブで有名だった会社が、徐々に社風を変えていくことにより「大人の会社」と考えられるようになった例がいくつもあります。[*43]何かの舵を大きく切りたい場合、進路変更が目立たない形にしたり、迷彩をちりばめたりすることによって、気付かれずに大きな変化を起こす「コリジョンコース作戦」も考えられます。

駄目なシステムを改良したい場合、すべてをゼロから書き換えたくなるものですが、そうするとかえって状況が悪くなることが多いというのが定説です。地味な改善をゆっくり積み重ねるようにすれば、クレームが出ることなく改善が進み、大きな成功につながる可能性が高いでしょう。人間の能力不足を欠点としてとらえるのではなく、逆に活用することによって満足度を上げる方法を探すのがよさそうです。

＊40　ナシーム・ニコラス・タレブ著、望月衛訳『ブラック・スワン──不確実性とリスクの本質』ダイ

ヤモンド社、２００９年 ISBN:4478001251

＊41　米国では感謝祭には家族が集まって七面鳥を食べるという習慣があり、おびただしい数の七面鳥が食卓送りになります。

＊42　フランク・パヴロフ、高橋哲哉著、ヴィンセント・ギャロ絵、藤本一勇訳『茶色の朝』大月書店、２００３年 ISBN:4272600478

＊43　IBM, Microsoft, …

13　安全と安心

「安全」と「安心」は似ていますが、異なる意味を持っています。ＩＳＯ（国際標準化機構）／ＩＥＣ（国際電気標準会議）のGuide51[*44]という規格（規格に安全面を導入するためのガイドライン）では、安全とは「受け入れ不可能なリスクがないこと」であると定義されています。ここでいうリスクとは「利を求める代償としての危険」のことで、自然災害のような受動的な危険はリスクと呼びません。富士山は噴火する危険はありますが、噴火するリスクがあるとはいいません。

電話やネットのように便利さを求めるものには、振り込め詐欺にひっかかるリスクがあります。つまり、能動的な行動にリスクはつきものですが、リスクが充分小さいものは安全であると数値的な解釈ができることになります。このように、安全とはある程度客観的なリスク評価といえますが、安心は主観的、心理的なものであり、かならずしも安全さと安心感は比例しません。

例えば、化学物質には安全なものもそうでないものもありますが、危険度と関係なく、なんとなく食品添加物は心配な気がしたりするものです。一時、ダイオキシンが危険だという話が毎日のようにマスコミで話題にされて人びとの不安をあおっていましたが、実はダイオキシンの毒性はたいしたことはないということが定説になった現在でも、マスコミはそういう報道をしていませんから、なんとなく「ダイオキシン＝超危険」だと思って心配している人が多いことでしょう。

逆に、まったく安全でないのに安心して使われているものも沢山あります。安物の鍵は専門家なら簡単に開けてしまうことができますが、鍵がギザギザしていればなんとなく安心を感じてしまうものです。自動車は大変危険な乗り物ですが、自分だけは大丈夫だろうと勝手に安心して多くの人が毎日利用しています。

人間は、次のような要件を満たすものに安心を感じるといわれています。

●理解できるもの
●慣れたもの
●親しみのあるもの
●歴史を経たもの

新しい未知なものや理解できないものは不安を呼びがちであり、安心するためには理解や長年の運用が必要だということになります。

＊44　http://www.iso.org/iso/catalogue detail?csnumber=32893

＊コンピュータの安全と安心

コンピュータを利用するうえでも、安全度と安心感がずれているものは多いと思われます。多くの人がパスワードを毎日のように利用していますが、安全だと思って安心して使っているパスワードが実際にはまったく安全でないことがよくあります。一般的な単語や固有名詞を使ったパスワードは、一見安全に見えても簡単に解かれてしまうといわれています。

ネット上のショップや銀行などを利用するとき、ブラウザとサーバの間で安全な通信を行なうためにＰＫＩ（公開鍵基盤）[*45]という認証インフラが利用されています。ＰＫＩは１９７０年代に発明された「公開鍵暗号」[*46]という暗号化方式を利用した、安全で柔軟な認証機構です。

それ以前に一般的だった暗号化方式では、データの暗号化と復号化のために、秘密の「共通鍵」（合言葉のようなもの）を利用していたため、秘密情報を送る人と受け取る人の両者が秘密の共通鍵を安全に共有しなければならないという問題がありましたが、公開鍵暗号方式では、データの暗号化と復号化に「秘密鍵」と「公開鍵」という異なる鍵を利用し、後者を公開することによって安全で柔軟な暗号通信ができるようになっています。秘密鍵と公開鍵はペアになっており、公開鍵で暗号化した文書を秘密鍵で復号化したり、その逆を行なったりすることができますが、公開鍵から秘密鍵を計算することはできません。[*47]

例えばアリスがボブに秘密の文書を送りたい場合、アリスはボブの公開鍵を使って文書の暗号化を行なったものをボブに送り、ボブは自分の秘密鍵を使って復号化を行ないます。暗号化された文書は秘密鍵を持つボブしか読むことができませんし、アリスは秘密鍵を使う必要がないので気が楽です。

これは大変うまい方法なのですが、ボブの公開鍵が本物であることは何らかの方法で確認する必要があります。ボブから直接手渡しで受け取れば確実でしょうが、そうもいかない場合もあるでしょうから、ボブの公開鍵が本当にボブのものであるかを証明するための、信頼できる公的な「認証局」がネット上に用意されています。認証局が信用できるものであることを示す証明書のリストはブラウザに最初から登録されており、それらの認証局によって正しいと保証されたサイトに対してはブラウザが安全に通信できるようになっています。

このように、ＰＫＩは原理的にはとても安全なものですが、ユーザが安心して使えるかどうかは話が別です。公開鍵暗号の原理は理解するのが難しいですし、認証局の運用の理解も大変です。これらの原理や安全性を理解していない普通のユーザは、心の底から安心してブラウザを利用しているわけではなく、ネット上の銀行やショップとの通信は安全だと皆が言っているから、なんとなく安全なのだろうと思って使っているにすぎません。

ＰＫＩの重要性の認識が不充分だったころは、信用できると認められていない認証局が発行した「オレオレ証明書」[*48]というものが都市銀行のサイトで利用されて問題になっていたことがあります。ここではウェブサービス提供者（銀行）もユーザもＰＫＩに対する理解が不充分だったわけですが、理解が難しいシステムを安全に安心して使うことは難しいという証明になっていたともいえるでしょう。

＊45　http://ja.wikipedia.org/wiki/ 公開鍵基盤
＊46　http://ja.wikipedia.org/wiki/ 公開鍵暗号
＊47　大きな素数の掛け算は簡単だけれども、掛けあわされた値を素因数分解するのは大変だといったような数学的な性質を利用します。
＊48　http://ja.wikipedia.org/wiki/ 自己署名証明書

＊携帯端末のリスク

パソコンやスマホはどんどん安くなっているので、誰もが気軽にどこでも利用するようになってきました。パソコンを持ち歩くことが危険だと思っている人は少ないでしょうが、これを外で使うリスクは増大していると思われます。ウェブ上のサービスにブラウザからアクセスするとき、パスワードを毎回入力するのは面倒ですからログインＩＤとパスワードをブラウザに覚えさせているユーザは多いでしょう。この機能は便利ですが、パソコンを盗まれたり他人に使われたりすると簡単に本人になりすますことができますし、操作によって登録パスワードを読めてしまうブラウザすら存在します。

前述の公開鍵暗号を利用してネット上のサーバに安全にログインするために ssh というコマンドがソフトウェア開発者の間でよく使われています。しかし ssh で使われる秘密鍵は自分のパソコンに保存されるので、パソコンを盗まれたり勝手に使われたりして秘密鍵が他人の手に渡ってしまうと、誰でもサーバにアクセスし放題になってしまいます。

秘密鍵というものは、本来厳重な管理をしなければならないはずのものですが、パソコンの中に置いてある秘密鍵ファイルの重要性を理解しつつ注意して利用している人は多くないと思われます。ノートパソコンを何台も持っている場合、すべてを厳重に管理することは難しいでしょう。また、不幸にしてパソコンを盗まれてしまった場合、それに気付いてもすぐに対策をとる方法が充分用意されていません。あらゆるサービスから退会するか、パスワードを変更しなければならないことになりますが、大きな手間がかかりますし、盗んだ人物に先にパスワードを変更されてしまっていたらかなり面倒なことになります。

クレジットカードを紛失して悪用された場合にはカード会社に補償してもらうことが可能ですが、パソコンを紛失して悪用された場合にはまったく補償がありません。盗まれたことに気付いた場合はまだいいのですが、秘密鍵を盗まれたことに気付かないことも充分考えられますから、被害がさらに甚大なものになる危険があります。多くの人が安心してノートパソコンを持ち歩いて利用している現在、そのリスクはかなり大きくなっているように思われます。

＊認証と安全・安心

パスワードの原理や安全性は比較的理解しやすいですし、様々なシステムで長年運用されていますから、ユーザもシステム管理者も安心して利用しています。しかし実際は、単純なパスワードは安全ではありませんし、複雑なパスワードはどこかに書いておかないと忘れてしまうので運用の面で安全ではありません。一方、複雑な原理にもとづく認証システムは理解することが難しいので、安全であっても安心が感じられないことになります。

前述の公開鍵暗号の場合、いくら安全だといわれても、原理を完全に理解することが難しいので、直感的に安全だと納得することはほぼ不可能です。暗号化する方法や公開鍵がオープンになっているのに安全だと主張するのは、鍵穴を公開しておきながら鍵は作れませんといっているようなものですから、普通の人ならば安全性を疑うか盲目的に信じるしかないことになり、とても安心感を持つことはできないでしょう。

また、近年流行しつつあるOpenID[*49]やOAuth[*50]のような認証手法の場合、便利で安全な方法を提供したいという意図はよく理解できるのですが、利用において安心感があまり感じられません。そもそも原理が簡単ではないので理解するのが難しいですし、Aというサービスプロバイダで登録したOpenIDをBというサービスで利用しようとしたとき、Bを利用しているにもかかわらずAのログイン画面が出たりするのは、心理的に気持ちいいものではありません。

東大名誉教授の今井秀樹氏は「ヒューマンクリプト」という考え方を提唱しています。[*51] ヒューマンクリプトとは、総合的にシステムと人間のセキュリティを考えるという概念で、人間が安心できる方式、安全性を評価する技術などを重視しようというものです。これはとても重要な概念だと思いますが、残念ながらこういう方向の研究開発はまだあまり盛んではないようです。

＊49　http://ja.wikipedia.org/wiki/OpenID
＊50　http://oauth.net/
＊51　http://japan.cnet.com/news/ent/story/0,2000056022,20061141,00.htm

＊機械の故障と安全・安心

同じ機械をずっと使っていると、永遠にその機械を使えるような錯覚を抱きます。しかし実際は、「変化の認知」（Ｐ71）で紹介した「感謝祭前の七面鳥」と同じように、突然システムやハードディスクが故障してしまうことはよくあることです。人間は時間的変化に気付かないことが多く、定常状態が続くと思うため、安全でないものに安心してしまうことがあるといえるでしょう。

寺田寅彦は浅間山の噴火を見ながら「物事を正当にこわがるのはむずかしい[*52]」と述べています。安心感を得るために電話番号やメールアドレスを秘密にしている人が多いようですが、こういったものは公開してもそれほど危険なわけではなく、公開することのメリットとリスクを比較すると、かならずしも秘密にすることは得でもないかもしれません。人間の心理についてよく考えつつ、安全と安心を両立させる技術を追求していく必要がありそうです。

＊52　http://www.aozora.gr.jp/cards/000042/les/2507 13840.html

14　確率評価の難しさ

人間は確率的な思考が得意ではありません。宝クジが当たる確率は非常に低く、賞金の期待値は投資額の半分しかないにもかかわらず、沢山の人が一攫千金を夢見て喜んで購入しています。投資効果を考えると宝クジの購入が非合理的なのは明らかであり、嫌ならば買わなければいいのですが、保険の種類の選択に悩んだり、スマホの料金プランに悩んだり、確率の計算と無縁に生活することは困難です。しかし、確率計算が必要な問題は直感に反することがよくあるので注意が必要です。

＊誕生日問題

確率が直感と異なる有名な例として、「50人の人間がいるとき、自分と同じ誕生日の人がいる確率はどれぐらいか」という問題があります。誕生日は３６５種類ほどあってほぼ均等に分布していると思われますから、自分の隣の人の誕生日が自分と同じである確率は1÷365＝0.00274であり、隣の人の誕生日が自分と異なる確率は364÷365＝0.99726です。

その隣の人の誕生日が自分の誕生日と異なる確率も同じですから、隣のふたりとも自分と誕生日が異なる確率は（364÷365）×（364÷365）＝0.99453になります。同様に自分以外の49人の誕生日がすべて自分と異なる確率は（364÷365）^{49}＝0.87421になるので、自分と同じ誕生日の人がいる確率は0.12579程度になります。50÷365＝0.136986ですから、「誕生日は３６５種類あって、ここに50人いるのだから、自分と同じ誕生日の人がいる確率は１／７ぐらいだろう」という単純な直感とそれほど値は異ならないことになります。

しかし、「50人の人間がいるとき、同じ誕生日の人がいる確率はどれぐらいか」という問題ではどうでしょう。自分の隣の人の誕生日が自分と異なる確率は、364÷365＝0.99726ですが、自分の隣の隣の人の誕生日が自分とも隣の人とも異なる確率は（364÷365）×（363÷365）＝0.99179583411５になるので、50人の誕生日が全部異なる確率は（364÷365）×（363÷365）×（362÷365）×……×（316÷365）＝0.029626420となり、誰かふたりの誕生日が一致する確率は１－0.029626420＝0.970373357となります。つまりほぼ確実に誕生日が一致するふたりが存在することになります。これはかなり直感と異なるのではないでしょうか。

自分以外に３６４人の人間がいたとしても、自分と同じ誕生日の人がいる確率が１に近づくわけではありません。実際計算してみると、自分と同じ誕生日の人がいる確率は $1-(364\div365)^{364}=0.63161$ であり、意外と小さな値であることがわかります。1000人の人間がいる場合でも93・5%程度にしかならず、これも直感とはかなり遠いでしょう。例えば以下のようなギャンブルがあれば参加してしまうかもしれませんが、確率を計算するとこれに参加するのは損だということになります。

●参加者1000人
●自分と同じ誕生日の人がいたら500円もらえる
●いなかった場合は1万円を払う

500円貰える確率は93・5%なので主宰者の支出は $0.935\times1000\times500=467500$ 円程度ですが、主宰者には $0.065\times1000\times10000=650000$ 円程度の金が払われることになります。

＊兄弟の性別問題

誕生日問題やギャンブル問題の場合は、計算に注意が必要かもしれないと気付く人が多そうですが、直感が強力な場合は自分の間違いになかなか気付かないことがあります。

「ふたりいる子どもの一方が男の子の場合、もう一方も男の子である確率は」という問題も間違えやすいことで有名です。この確率は1／2だと考えてしまいがちですが、正解は1／3です。

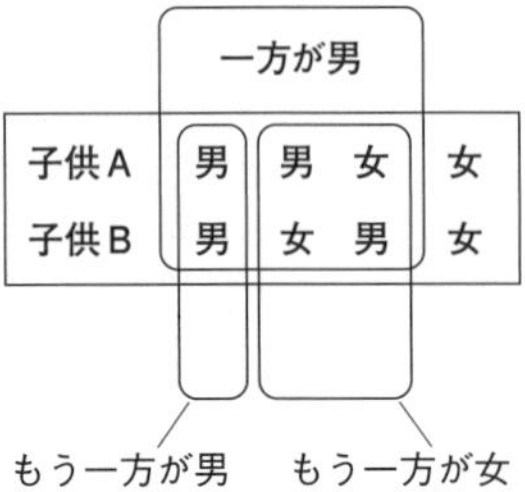

ふたりの子どもをA、Bとするとき、A、Bが男の子か女の子かという場合分けは上図のようになりますが、一方が男の子であるケースは3種類あるのに2種類のケースにおいてもう一方は女の子になるので、この問題の答は1／3ということになるのです。

この問題を少し複雑にしたものとして、「ふたりの子どもの一方が男の子で火曜日生まれの場合、もう一方も男の子である確率は」という問題を考えてみましょう。「火曜日生まれ」という条件がどういう意味を持つのかよくわからないので、この問題の答は1／2か1／3だと考えるのが普通ですが、あらゆる可能性をきちんと考えて計算すると確率は13÷27＝0.48148になることがわかります。

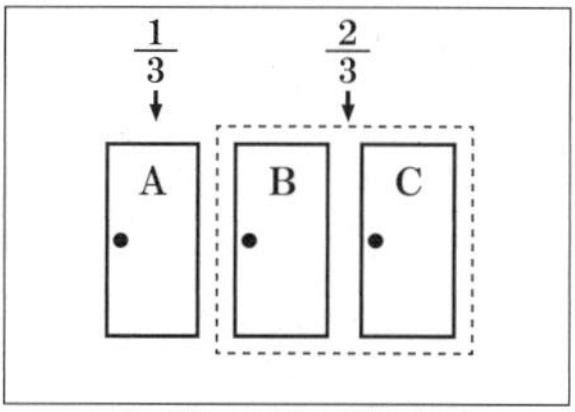

プレイヤーが選んだドアはA

BかCのドアに景品がある確率は3分の2

⇩

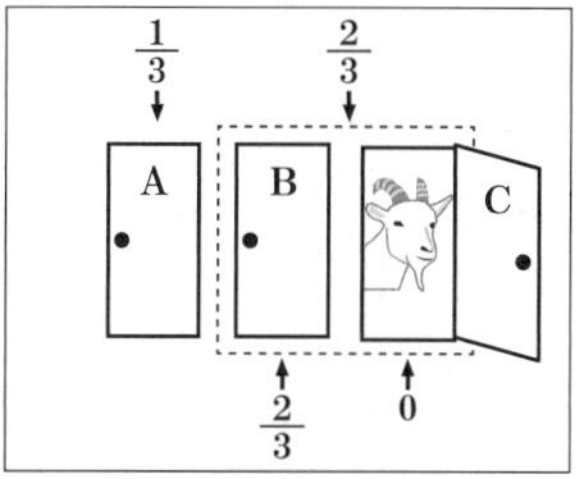

ドアを開いた後

Cのドアが開けられたことで、Bに景品がある確率が3分の2に変わる

モンティ・ホール問題の説明

＊モンティ・ホール問題

誰もが間違いやすい確率の見積もり問題として、「モンティ・ホール問題[*53]」が有名です。これはモンティ・ホールという司会者のゲームショー番組に由来するものです。

「プレイヤーの前に3つのドアがあり、1つのドアの後ろには景品の新車が、2つのドアの後ろにはヤギ（はずれ）がいる。プレイヤーは新車のドアを当てると新車がもらえる。プレイヤーが1つのドアを選択した後、モンティが残りのドアのうちヤギがいるドアを開けてヤギを見せる。
ここでプレイヤーは最初に選んだドアを、残っている開けられていないドアに変更してもいいといわれる。プレイヤーはドアを変更すべきだろうか？」
最初は当たりを引く確率が1／3だったことは明らかですが、「モンティがドアを開けたことによって確率が1／2になったわけだから、ドアを変更してもしなくても同じ」だと考える人が多いようです。実際は、モンティはわざわざはずれを選んで開けているわけであり、最初に選んだものの当たりの確率が変わったわけではありませんから、ドアを変更した方が当たりを引く確率は上がります（2／3になる）。この問題は見かけよりも奥が深く、勘違いしやすいため、有名な数学者でも間違えたという逸話が残っており、この問題に関連する話題だけで一冊の本が書かれているほどです。[*54]
これらの例から唯一明確に言えることは、「人間の確率感覚はまったくあてにならない」ということでしょう。確率が関係する問題に直面したときは、直感的にすぐに判断することはせず、よく考えたり他人に相談したりするのがよいでしょう。

＊53 http://ja.wikipedia.org/wiki/モンティ・ホール問題

＊54　ジェイソン・ローゼンハウス著、松浦俊輔訳『モンティ・ホール問題―テレビ番組から生まれた史上最も議論を呼んだ確率問題の紹介と解説』青土社、２０１３年 ISBN:4791767527

15　乱数とランダム感

「ランダムなもの」と「ランダムに見えるもの」には微妙な違いがあります。完全にランダムな数値列であっても、パタンがあるように感じてしまう場合があるのです。例えば円周率の数字列は乱数列であるはずですが、以下のような繰り返しパタンが見られるので「本当に円周率はランダムなのか」と疑ってしまうかもしれません。

3.1415926535897932384626

また、円周率は小数点以下31桁目まで「0」が出現しません。これもかなり不自然なことなのではないでしょうか。

実はこれは不思議でも何でもなく、乱数には様々な規則性が感じられるのが普通です。例えば２００個の数字をランダムに出力すると、以下のような数字列が得られます。同じ数字が続いたり集中的に出現したりしている場所が以外と多いことがわかります。

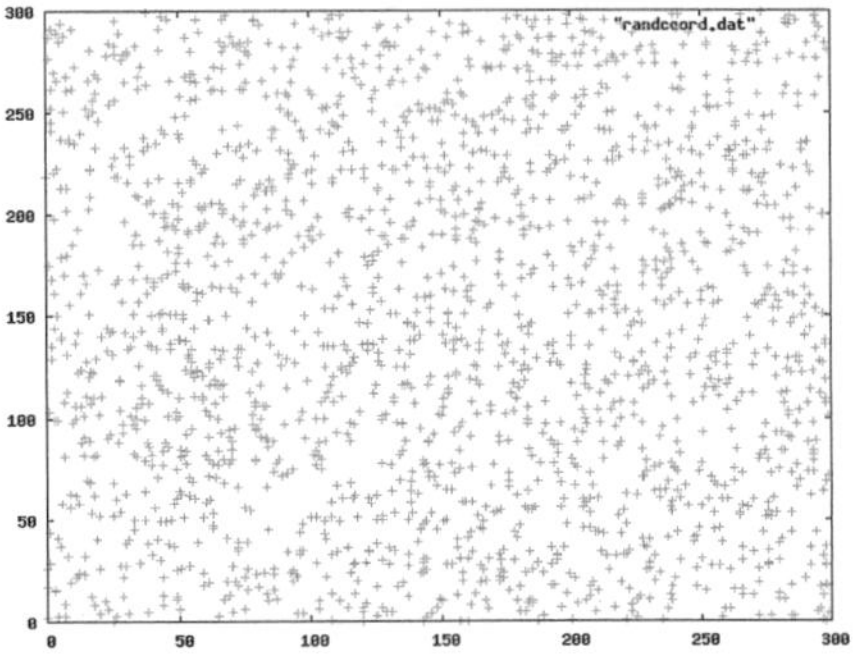

ランダムに座標を生成して点を描いたもの

5537341995738855180096821833451569453844
5126548435984280087032949714244066204568
5246606854062184696468382628769542110440
7970935754806044804841637277410786609493
4157092911640557823043091823428633318910

また、ランダムに生成した数値をX、Y座標としてグラフ上に点を描くと上の図のようになりますが、点は均等に分布せず、片寄りがあるように感じられてしまいます。

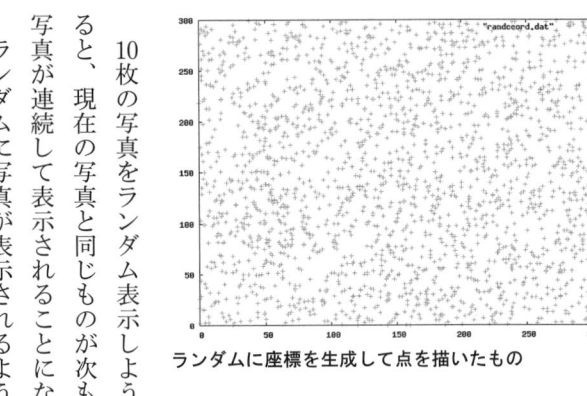

10枚の写真をランダム表示しようとする場合、毎回完全にランダムに写真を選んで表示すると、現在の写真と同じものが次も表示される確率は1／10ですから、かなり高頻度で同じ写真が連続して表示されることになり、ランダム性が低いように感じられてしまいます。

ランダムに写真が表示されるように感じるためには、同じような写真が続けて表示されないような工夫が必要です。ｉＰｏｄなどの音楽再生機器には「シャッフル再生」という機能がありますが、本当の乱数を使ってシャッフル再生を行なうと同じ曲が連続して再生されることがしばしばあることになり、選曲がランダムでないと感じられてしまうので、そうならない工夫がされているようです。

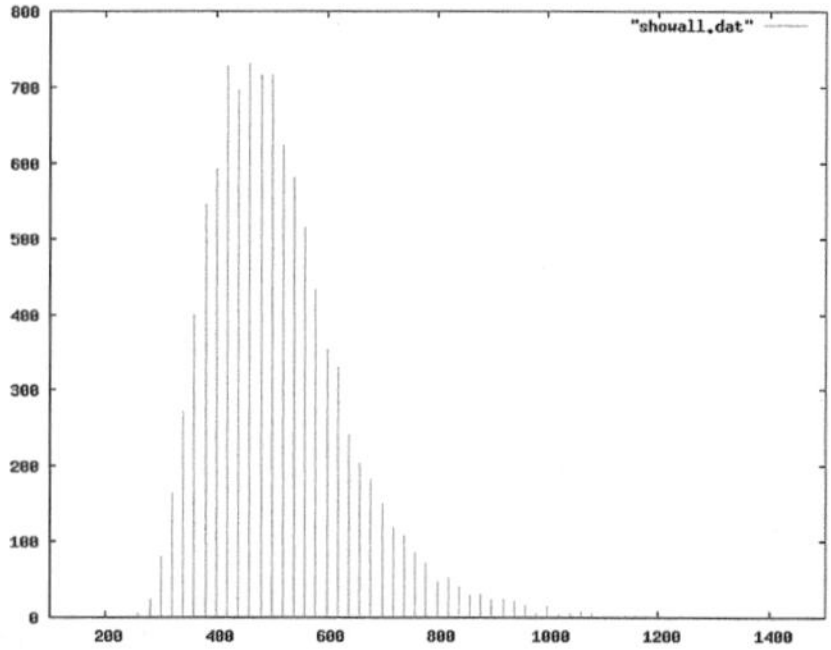

すべての写真が表示されるまで表示された枚数

本当にランダムな値は一様に分布することはなく、片寄りが見られる場合も多いので、人間にとってランダムに感じられるようにするためには、本当の乱数のかわりにランダムに感じられるような数字列を使うのが効果的です。

Ｎ枚の写真をランダムに表示しようとすると、すべての写真が表示されるにはかなり時間がかかるのが普通です。何枚表示したときすべての写真が表示されるのかを計算してみると上図のようになります。１００枚の写真のランダム表示を行なう場合には、３００〜４００回程度の表示を更新させなければすべての写真が表示されないのが普通だということがわかります。

＊ニセ乱数

本当にランダムなものではなく、いかにもランダムらしく感じられる値を得るためには、これまで出なかった値が出やすいような「ニセ乱数」を作るとよいでしょう、例えば以下のような工夫が考えられます。

●最近出た値は出さない
●最近のN回で一度も出ていない値は出現確率を上げる

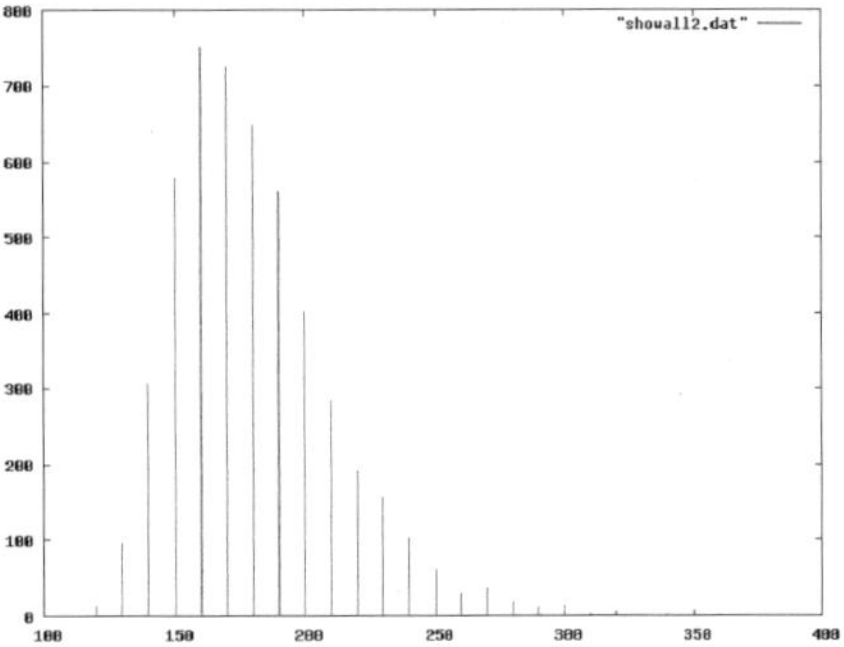

このように工夫したニセ乱数を使って同じ計算を行なうと右上の図のような結果になります。１６０回あたりにピークがあり、３００回すればほぼ確実にすべての写真を表示できるので、ランダム表示としてはこちらの方が気持ちいいでしょう。

＊2次元ニセ乱数

ランダムに見える2次元表示を行ないたい場合も、本当の乱数を使うよりもニセ乱数を利用する方が、ランダム感が出ます。左のような「文字列探しパズル」の上の図では真の乱数を使って文字を並べているため、同じ文字が3個以上縦や横に並んでいる場所がいくつも存在し、ランダム感があまり感じられません。

一方、前述のニセ乱数と同じような方法を使って上下に同じ文字が並びにくいように工夫

天	品	下	一	天	天	一	品
一	一	一	品	天	一	品	天
下	品	下	天	天	品	品	品
下	品	天	天	下	下	下	下
一	下	一	一	一	品	一	一
品	一	品	天	品	一	一	品
品	一	一	天	一	下	品	品
天	下	下	一	下	一	品	品

一	下	一	天	品	天	下	天
下	品	下	品	下	天	品	一
天	一	天	天	一	品	天	品
品	下	一	品	天	一	下	天
一	下	天	下	一	下	天	天
下	品	一	天	品	一	品	下
一	下	下	下	天	下	天	一
下	品	一	天	下	一	品	一

すると、下の図のような問題になります。上の図よりもランダムさが大きいように見えるでしょう。私がアンドロイドアプリとして公開しているもの[*55]では、ニセ乱数を使ってランダム感が出るようにしています。

＊55　https://play.google.com/store/apps/details?id=com.pitecan.findwordplus

16　気分と勘違い

人間は気分で行動するものであり、それによって様々な勘違いをするので、システムを設計するときは人間の気分や勘違いについて充分考慮しておくことが大事です。人間が何かの良し悪しを判断する場合、実際の価値よりも気分の方が問題になることが多いものです。様々な勘違いによって間違った気分を感じてしまうことには注意が必要ですし、逆にこれを利用する可能性を考えることには意味があるでしょう。これまでいろいろな勘違いについて紹介しましたが、人間はどのような勘違いをするものなのか整理したいと思います。

錯覚／錯誤　視覚や聴覚の錯覚は勘違いの基本です。錯視のような錯覚については広く知られているので、単純な勘違いには比較的気付きやすいと思われますが、人間の体感時間はあてにならないものですし（P60）、動くものに関する人間の感覚もまったくあてにならない（P54）ことにも注意が必要です。

統計と確率　「確率評価の難しさ」（P87）では、確率や統計に関する直感があてにならない例を紹介しました。モンティ・ホール問題（P91）のように、一見単純に見えるのに誰もが間違いやすい問題もありますし、直感的な確率感覚／統計感覚は正しくないことが多いので、確率が関係する事柄を判断するときは充分注意して考えて計算する必要があることは間違いありません。

誤った納得　「マンホールは何故丸いのか」という有名なクイズがあります。「蓋が丸いと穴に落ちないから」というのが模範解答だと思われているようですが、これはおおいに疑わしいと思います。そもそも穴というものは通常丸いものです。紙に穴を開けろと言われれば普通は丸い穴を開けますし、ドリルもキリも丸い穴を開けるようになっていますし、自然現象で開く穴も丸いのが普通です。穴は丸く開けるのが一番楽なのだからマンホールも丸く開けようと思うのが普通でしょう。

また、パイプや管も普通は丸いものですし、水道管もガス管も土管も血管も丸いものです。

表面積や強度の点で丸い管はもっとも効率が良いので、丸いのが自然なのでしょう。穴もパイプも丸いのが自然なのであればマンホールの穴も蓋も丸いのが当然でしょう。丸い蓋は穴に落ちないという利点があるのは確かですが、それが最大の理由だとは考えられません。ルーローの三角形のように、円でなくても穴に落ちない形は存在します。

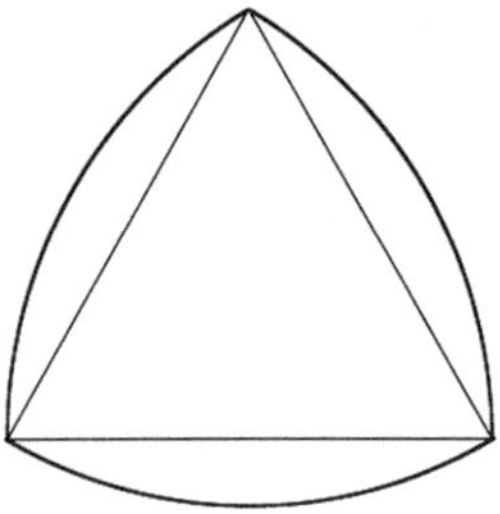

ルーローの三角形

「ぐっすりの語源はGood Sleep」だという俗説があるそうですが、マンホールの蓋が丸い理由というのも同じような俗説だと思われます。しかしこういう説明を聞いたとき、一瞬「なるほど！」と納得してしまうところに罠があるようです。

安全さと安心感　「安全と安心」（P77）で詳しく解説したように、安全さと安心感はかなり異なるものですが、それを混同するのはよくあることです。飛行機事故よりも自動車事故にあう確率の方がはるかに高くても、地上の方が安心感があるので飛行機の方が怖がられるものです。

ギザギザの多い鍵はいかにも安全そうに見えますし、記号を羅列した長いパスワードはいかにも破られにくそうな感じがするものですが、ギザギザな鍵でもピッキングで簡単に開いてしまうことがありますし、複雑なパスワードでも管理が悪ければ意味がありません。本当に安全かどうかは関係なく、なんとなく安全感が感じられるシステムならばユーザは喜んで使うものです。強力な暗号も弱い暗号も複雑感は同じように見えるので、強い暗号の利用をいくら推奨してもなかなか使ってもらえません。

雰囲気　インドの学生が発明したという触れ込みで、A4用紙1枚に256ギガバイトのデータを保存する技術が開発されたという怪しげなネタ[*56]が話題になったことがあります。少し考えればそんなことが不可能であることは明白なのですが、「インドの不思議感」「インドといえば数学だ感」などによって、多くの人がインドの学生ならありえるかもしれないと思って騙されてしまったようです。

怪しい勧誘にうっかりついて行くと、会場の雰囲気に飲まれて「激しく儲かる感」や「私にもできる感」を植えつけられることがあります。この気分を持続するため、定期的に会合を開いて達成感を盛り上げる努力がされていることもあります。こうした困った商法に限らず、普通の小売店も常に割安感を表現する広告を出しており、多かれ少なかれいろいろな商売で気分や雰囲気が有効に活用されています。

私が以前米国で新車を買ったとき、買い手の気分を手玉に取るディーラーの手腕に思う存分翻弄されました。[*57] 値段の相場は充分調べてあったので本体価格の交渉はスムーズに進行したのですが、価格交渉が終わった後の安心感につけこんで、妙な割安感のある保険を勧めてきたり、事故や故障に対する不安感につけこんだサービスプランを執拗に勧めてきたり、気分を操るテクニックのいい勉強になりました。[*58] 常に正しい論理で判断を行なうことは難しいものです。状況や勘違いにもとづいた、理屈を超えた気分は商売でも詐欺でも大事なようです。

因果関係と相関関係　因果関係と相関関係を混同するのは詭弁や勘違いの基本です。グーグルの業績と私の体重には相関関係がありますが、これを因果関係だと勘違いすれば、「グーグルの調子がいいのは私の体重の増加のおかげである」と思ってしまうかもしれません。ここまで極端なものは間違いだと誰でもわかりますが、微妙に関係がありそうに見える属性に相関関係があるときは、因果関係があるのか偶然なのかの判断に困ることがあります。

もっと気分的な因果関係を感じてしまうこともあります。交通事故の多くは偶然の不幸で起こるものですが、運転者の心がけに問題があったのだろうとつい思ってしまうことがあるので注意が必要です。東南アジアの某国では、電気製品が壊れるのは家の人間に問題があるからだと思われやすいので、電気修理屋さんは客の家の前に車を停めてはいけないのだそうです。

＊56　http://pitecan.com/blog/2006/12/a41256gb 01.html
＊57　http://pitecan.com/blog/2006/12/blog-post 30.html
＊58　後から選択ミスと気付いたとしても、「自己正当化の圧力」（P38）の影響によって、「ちょっと高かったかもしれないけれど、安心できる保険に入れたのだからまぁいいや」などと納得していたことは間違いありません。

＊勘違いの活用

今回あげたものは人間の勘違いのほんの一部です。人間はあまりに多くの間違いをしますから、すべての勘違いを網羅するのは簡単ではありません。人間の勘違いのパタンは人類の進化を通じて醸成されてきたものですから、何か勘違いしている人に対してそれを指摘して気付かせることは困難です。勘違いが起こると困る場合はそれを避ける工夫が重要でしょうし、役にたつ勘違いの場合はこれを活用すればよいでしょう。

例えば時間を忘れて議論したがる人がいる場合は、目立つ場所に時計を置いておけば長話を聞かずにすむかもしれません。また、エレベータを待つ時間にイライラする人がいる場合は、エレベータの前に鏡やディスプレイを置いたりすることによって、長い間待っている感を軽減することができるでしょう（P62）。このような「勘違い工学」をいろいろな場面で活用したいものです。

一番大きな勘違いがあるとすれば、「自分は勘違いなんかしない」と思うことかもしれません。勘違いや気分の問題について充分理解したうえで、日ごろから注意したり、積極的に楽しんだりする余裕を持つといいでしょう。

2　開発の発想

1　そもそもからの発想

昭和の中流家庭にはたいてい応接間があり、ピアノや百科事典や家具調ステレオが置いてあったものですが、最近は応接間がある家はほとんどなくなり、百科事典やステレオセットのかわりにウィキペディアやｉＰｏｄが使われています。ブラウン管テレビやモニタはほとんど消滅しましたし、無駄に大きなデスクトップパソコンも消えつつあります。ＬＡＮや電話などのケーブルも減ってきました。街角からは公衆電話が少なくなり、駅では切符が消えつつあります。新しい製品やサービスが沢山出現している一方で、以前は普通に存在したものがどんどん消滅してきています。

＊そもそも物件

そもそもステレオというものは音楽を聞くために開発されたものであり、外見が立派である必要はありません。また、そもそも百科事典は様々な知識を得るためのものですから、分厚いハードカバーの本である必要はありませんし、そもそも切符は電車に乗る権利を示すためのものですから、他の方法で権利を表明できるなら必要ありません。何かを実現するために本質的に必要でないものが消えていくのは自然なことでしょう。ハードウェア／ソフトウエア／ネットワークの進歩によって不要なものが排除され、本当に必要なものだけが世界に残る傾向が強まっています。

現状ではまだまだ世の中は不要なもので満ちあふれています。財布を太らせる元凶になっている各種のカードは、そもそも個人認証ができれば不要になるはずです。そもそも番組や音楽を自由に楽しむことができるならば、使いにくい機械の代表であるリモコンはすべて不要になります。コミュニケーションが円滑に行なわれるのであれば、手紙を紙に印刷して封筒に入れて切手を貼って投函するといった手間はそもそも不要です。カードやリモコンや切手はそもそも必要なものではなく、何かを実現する手段としてたまたま存在するにすぎないことを認識するべきでしょう。このようなものは、さらに技術が進めば徐々に消滅していくはずです。

コンピュータの中にも不要なものが沢山残っています。例えばワープロや図形エディタには「セーブ」機能がありますが、そもそも編集したものはセーブしたいに決まっていますから、そのような機能を特別に用意するのは変な話です（Ｐ150）。また、各種の検索システムには「検索」ボタンが用意されていますが、そもそも検索条件を指定したら検索を行ないたいに決まっていますから、検索ボタンなど押さなくても自動的に検索を実行してもいいはずです。自動セーブやインクリメンタル検索[*59]を行なうシステムはまだ主流にはなっていませんが、将来はこれがあたりまえになるでしょう。

＊59　検索文字列を更新すると即座に新しい検索結果を表示する検索手法。

＊そもそもIT技術

ＩＴ技術の進歩によって様々な物が不要になり、そもそも何が必要なのかを考えることができるようになってきました。書籍や新聞の未来が心配されていますが、ニュースを読みたいという要求が今後減るとは思えませんから、手段はともあれコンテンツを提供するビジネスは盤石で、電子化によるメリットの方が大きいはずです。

紙の制約がなくなれば、収納場所の問題がなくなります。漫画を1万冊読みたい人は沢山いるでしょうが、1万冊の漫画を手元に置ける人は多くないでしょう。ＩＴ技術によって紙の制約がなくなれば、様々な本質的な欲求に応えることができるようになります。音楽でも書籍でも雑誌でも新聞でも事情は同じで、そもそも必要と思われるものを適切な価格で提供できるようになることで、新しいビジネスチャンスが広がるでしょう。

そもそも必要でないものがあまりにも浸透しているために、不要であることにすぐに気付かないものも沢山あります。例えば家のトイレには電灯スイッチがついているのが普通ですが、夜間に用を足したいときは電灯をつけるのがあたりまえであり、わざわざスイッチを操作する必要はないはずです。家族が外出するときは鍵をかけるのが普通ですが、家に誰もいなくなるのであれば戸締まりするのがあたりまえであり、わざわざ鍵をかけなければならないのは不思議です。

電灯スイッチや鍵の存在は生活の一部になっているので、不要という発想が生まれにくいものですが、そもそも何が本質的なのかを考えると別の見方が可能になります。センサ技術やネット技術のようなＩＴ技術を通して、日頃から物事の本質を考えるようにしていきたいものです。

2　発見人生

毎日楽しく暮らすことは人生の究極の目標ですが、贅沢をすれば楽しく暮らせるというものでもありません。どんなに美味しい食事や酒でも繰り返し同じものを飲み食いしていたらすぐに飽きてしまいますし、どんなに素晴らしい景色でも毎日眺めていると飽きてしまうでしょう。美食を楽しむ行為や旅行を続ける行為自体に飽きてしまうかもしれません。良いものを見たり食べたりすることはもちろん重要ですが、変化や驚きも大事です。予定通りの休みは待ち遠しいものですが、思いがけず休みがとれたりプレゼントを貰ったりするのはさらに嬉しいものです。喜びの量は期待に対する相対的な値として得られるものなので、期待の量を制御することによって喜びを増大させる「期待工学」を研究しなければなりません。

＊人生の速度

「時間感覚のコントロール」（P58）でも書きましたが、感覚は経験に大きく左右されます。歳をとると時間の経過が速く感じられたり、帰り道が行きの道より短く感じられたりするのは、新しい経験が減るからでしょう。同じ繰り返しが多い人生を送っていると、あっという間に時間が過ぎてしまうかもしれません。生活に繰り返しが多くなってきたと感じたときは、引っ越したり転職したりすると時間が長く感じられるようになります。「例示プログラミングとデータ圧縮アルゴリズム」（P234）でこの件について詳しく考えてみたいと思います。

財力があっても工夫が足りなければ満足することはできませんが、金がなくても毎日新しい発見があれば楽しく満足した暮らしができるはずです。新しいことが好きで好奇心が衰えない人は歳をとってもボケたりせず、元気に生活しているように見えます。楽しく面白い人生を送るためには、財力よりも発見力が重要そうです。

＊みんなで発見

ウェブ上には新しい情報があふれているので、工夫次第で毎日沢山の面白い発見をすることができます。まったく手がかりなしに面白い情報を探すのは難しいので、「ソーシャルブックマークシステム」[＊60]のような手軽な情報共有システムを利用したり、面白いブログのＲＳＳ（ウェブサイトの情報を構造化して効率よく収集できるフォーマット）を講読したりして、情報を探すことがよく行なわれていますが、このような方法で情報収集を行なうと情報の一極集中が起こりがちです。

ウェブによって情報伝達の距離が消えてしまった現在、似たような趣味や意見をもつ人たちが簡単に集まることができますから、特定の集団の中だけの意見が構成されてしまいがちです。同じグループで意見がかたまってしまう現象はGroupthink（集団思考）と呼ばれており、これによって様々な不具合が生じることが知られています。例えばGroupthinkによって間違った結論が導かれたり、イノベーションが阻害されたりすることが多いといわれています。[*61] 面白い情報を探すときはこの弊害はそれほど深刻ではないかもしれませんが、本当に面白い情報をみつけるのに失敗する可能性は高くなってしまうでしょう。

＊60　URLのブックマークをみんなで共有するシステム。
＊61　Cynthia Barton Rabe. The Innovation Killer: How WhatWe Know Limits What We Can Imagine... And What Smart Companies Are Doing About It. Amacom Books, 2006. ISBN:0814408834

＊発見支援システム

新しい情報を探したり新しい体験に挑戦したりするのは骨が折れるものですが、私はウィキペディアページをランダムに表示するスクリーンセーバ[*62]を利用して新しい情報を発見する実験をしています。ウィキペディアには「おまかせ表示[*63]」というリンクが用意されており、これをクリックするとランダムにページが表示されるようになっています。自動的にこれが表示されるようにしておけば、常に自分が知らない新しい情報が身の回りに表示されていることになるため、頭のリフレッシュにとても有効です。自分は何もしなくても面白い情報がテレビのように勝手に表示されるという「受動的なインタフェース」（P139）は不精者にも最適です。一見矛盾する「受動的」と「発見」が楽しい人生のキーワードになるかもしれません。

＊62　http://pitecan.com/RubySaver/
＊63　http://ja.wikipedia.org/wiki/ 特別：おまかせ表示

3　苦手は研究の母

グループウェア[*64]の研究活動を行なっていた研究会が、内紛のために崩壊してしまったという話を聞いたことがあります。「一緒に仕事をする方法について研究している人びとが集まっているはずなのに、グループ運営が苦手だというのはどういうことだ」とおおいにツッコまれたことでしょう。でも、よく考えてみると、私自身も情報整理が超苦手なのに情報整理システムの研究を行なっていたりしますし、直感とは異なり、どうやら人は自分が苦手なことを研究テーマに選んでしまうことが多いようです。

調べてみたところ、実はこれはよくある話で、苦手なことを研究テーマに選んでしまう傾向は「専攻分野反転の法則[*65]」とか「研究補償説」と呼ばれる定説だということがわかりました。こういう傾向はＩＴ関連の人たちに限るわけではなく、言語学の研究者は何をしゃべっているのかわからない人が多く、音楽学の研究者は音痴が多いなどという噂まであります。

私はユーザインタフェースのソフト／ハードの研究開発を行なっていますが、これは使いにくいシステムを改良したり、使いやすいシステムを新発明したりするという仕事です。最近のパソコンやスマホは徐々に使いやすくなってきてはいるようですが、まだまだ世の中は使いにくいシステムで満ちあふれていますから、ユーザインタフェースの研究という仕事は今後も需要があることは間違いありません。

＊64　複数のユーザが協調して利用するソフトウェア。
＊65　http://homepage3.nifty.com/MASUDA/tsuratsura/tsuratsura3.html

＊使いにくさの発見

使いにくいシステムをみつけて文句を言うだけなら簡単なのですが、世の中にはなんでも他人のせいにする人ばかりではないようで、機械がうまく動かないのは自分の責任だと思ったり、自分の能力不足のせいで使いこなせないのだと思ったりする人は意外と多いようです。レンタルビデオの返却を忘れて高額の延滞金を請求されても自業自得だと納得している人も多いようですし、駄目なシステムを見たとき、その悪さに気付いて文句を言うのもひとつの才能といえそうです。

ユーザインタフェースの研究で有名な心理学者のドナルド・ノーマンは、使いにくい機械を発見する名人で、さまざまな機械の問題点を的確に指摘する多くの本を執筆しています。機械が使いにくいのは人間のせいじゃない、使いにくいと思ったときは正直にそう言っていい、ということを世間に知らしめた功績は大です。

＊苦手なことを研究する

私は機械の使いこなしが苦手なので、ノーマン氏と同じように使いにくさを発見するのは得意な方です。昔「ウィンドウズの使いにくさをなんとかしたいと思っている」と同僚に言ったところ、「ウィンドウズのどこが使いにくいんだ」と不思議がられたことがありました。ウィンドウズの達人にはウィンドウズを改良することはできないはずですから、ものを使うのが苦手であることはインタフェース研究者の資質として重要なのでしょう。

最高の情報整理システムを作れる人がいるとすれば、システム作りは素晴らしく得意なのに情報整理が絶望的に下手な人間なのでしょう。そういう人は沢山いそうなものですが、最高の情報整理システムがまだ出現していないところを見ると、両方の資質をもつ人は少ないのかもしれません。

「好きこそものの上手なれ」とか「必要は発明の母」とよくいわれますが、実は「苦手は研究の母」というのも正しいといえそうです。なんでも得意な人は新発明が苦手なはずです。ちなみに最高に頭がいい人は工学の研究者には向かないそうです。何ができて何ができないか、最初から予測できてしまうからです。苦手がない人は工学の研究には向いていないのかもしれません。

＊苦手を仕事に活用する

私はきれいな字や絵を書く／描くのが苦手なので、優れたエディタや入力システムや出力システムがほしいといつも思っています。整理も苦手なので情報整理システムや検索システムを模索していますし、絵を描くのが苦手だから「お絵描き支援システム」がほしいと思っています。一方、楽器は人並みに弾けるので、「楽器演奏支援システム」がほしいと思ったことはありません。私がお世話になっている様々な便利システムは、みんな何かが苦手な人たちが作ったものなのかもしれません。

老練なプログラマは「プログラム開発支援システム」（ＩＤＥ）を使わない傾向がありますし、「オブジェクト指向[*66]なんか要らない」と言っていた有名なハッカーもいました。プログラムをバリバリ書くハッカーには、ソフトウェア工学[*67]は不要でしょうから、ソフトウェア工学はプログラミングが苦手な人の研究分野なのかもしれません。私はテキストエディタや日本語入力システムがなければまったく文章を書くことができないのですが、優れたテキストエディタは多分テキスト編集が苦手な人によって開発されたものなのでしょう。

苦手な分野を研究対象にしがちだからといっても、それだけで成果が出るとは限りません。

アイデア出しが得意な人はアイデア生成支援システムなど作らないはずですから、すごいアイデアにもとづいた「アイデア生成支援システム」の登場は期待薄です。同様に、金を儲けるのが苦手な私が金を儲けるための研究をしても勝算は低そうです。文書作成を支援する「執筆支援システム」か「締切遵守システム」あたりで我慢するしかないのかもしれません。

＊66　１９７０年代に提案され、近年開発者の間でメジャーになっているソフトウェア設計手法。
＊67　ソフトウェアの開発・運用・保守に関して体系的・定量的に考える学問。

4　ユーザ設計の落とし穴

近年のユーザインタフェース開発では「ユーザ中心設計」（User-centered Design）が常識になっています。システム設計者の思い込みにもとづいて作られたシステムがユーザにとって使いやすいものになる可能性は低いですが、設計の初期段階からユーザの欲求についてよく検討し、設計の途中段階においても実際にそれが使いやすいかどうかテストを行ないつつ開発をすれば、本当にユーザにとって使いやすいシステムを開発することが可能になるはずです。

ユーザビリティ／ユーザ評価の専門家であるジェイコブ・ニールセンは、次のような5個の要素を使いやすさの目標としてあげています。[*68]

●学習しやすさ（Learnability）
●効率（Efficiency）
●記憶しやすさ（Memorability）
●エラー（Errors）
●満足度（Satisfaction）

システム作成者としては、作りやすさや美しさなども指標にしてもらいたいところですが、ユーザ中心設計ではそのような開発者の都合は関係ありません。

＊68　http://www.nngroup.com/articles/usability-101-introduction-to-usabilit

＊ユーザによる設計

ユーザ中心設計という考え方は現在深く浸透しているので、このような方針に対して異を唱える開発者はいないと思われます。しかし、開発にあたって具体的にユーザをどう使うかについては誤解もあります。ユーザ中心なのですから、ユーザの望むものをそのまま作ればよさそうに思われますが、ユーザは自分が何を望んでいるのかわからないのが普通であり、基本的な仕様に関してユーザに意見を求めることはできません。

ＧＵＩがまだ発明されていなかった頃、どんな入出力装置がほしいか普通のユーザに質問したら、「打ちやすいキーボードがほしい」といった意見が返ってきたことでしょう。キーボードを使わずにプログラムを実行する方法など、皆目わからなかったからです。また、ウェブがまだ存在しなかった頃のユーザを集めて、コンピュータを将来どんなことに使いたいか聞いたとしても、ブラウザやブログがほしいという意見が出たとは考えられません。

優れたデザインで人気があった初代ｉＭａｃにはフロッピードライブが搭載されていませんでした。フロッピードライブが必要かどうかを当時のＭａｃユーザに尋ねれば、ほとんどのユーザがフロッピーはやっぱりほしいと答えたはずです。ユーザが求めるものを設計して作ることは非常に重要ですが、どういうものをどういうデザインで作るべきかについてユーザの意見を求めてはいけません。

普通のユーザは自分の苦手なところに気付かないものですし、想像力は欠如しているものであり、直感と慣れを混同して慣れているものがいいものだと思ってしまうものです。本当に新しく便利なものを作るためには、開発者やデザイナが知恵を絞って試行錯誤する必要があります。普通のユーザにいくらアンケートをとっても効果はありません。

＊発明力と評価力

スティーブ・ジョブズの考え方について書かれた『スティーブ・ジョブズの流儀』[*69]という本に、一時期アップルの社長を務めたジョン・スカリーのインタビューが載っています。スカリーによれば、ジョブズは常にユーザのことについて考えてはいたが、「マーケティング」などと称して「ユーザの声」を聞いたり評価を行なったりすることはなく、「グラフィックコンピュータを見たこともないような奴等にGUIについて聞くなんてありえないだろう」と言っていたということです。芸術家が絵を描くときにユーザグループを作ったりしないのと同じように、ジョブズは何がほしいかユーザに聞いたりしませんでした。

その昔、自動車王ヘンリー・フォードは「何がほしいか客に聞いたら、もっと速い馬がほしいというだろうね」[70]と述べたそうですが、ユーザの意見をもとに新しいデザインを考えることはできません。何かを設計する人には、将来のユーザが満足するであろう新しいインタフェースやデザインを発明する能力が必要なのです。

前出のドナルド・ノーマンの『誰のためのデザイン？』[71]は、ユーザ中心設計の重要さを知るための古典です。この本では、ユーザを無視した製品が世の中にあふれていることを指摘して、変な製品にユーザが我慢する必要などないことを世間に知らしめた意義深い本です。

その後ノーマンはアップルの副社長として様々な製品開発にかかわりましたが、画期的に使いやすい製品を開発することに成功しないうちにアップルを去りました。ノーマンは製品の問題点を指摘し解説する点にかけては非常に優れていましたが、優れた製品を自分で開発する能力には欠けていたのかもしれません。

何かを発明する才能と評価する才能は同じではありません。評論家的才能と発明家的才能をあわせ持つことは難しいでしょうし、何もかもひとりでやる必要はありません。どちらかひとつでも才能があれば充分と考えるべきでしょう。「知識の呪縛」（P34）で説明したように、自分に何ができて何ができないかを正しく知ることは難しいけれども大変重要なことです。

ユーザに設計させないこととユーザ中心設計を行なうことは矛盾しません。ユーザについてよく考慮しながら専門家が設計を行ない、それに対してユーザが意見を言ったり評価実験を行なったりして、それにもとづいて専門家が設計を修正するというような共同作業が本当のユーザ中心設計です。このためにはユーザと設計者の緊密な意見交換が必要でしょうし、相手の主張に耳を傾ける柔軟な姿勢も必要でしょう。

今のところメーカやサービス提供者もなかなかユーザの声を取り入れる余裕がないことが多いため、このようなユーザを巻き込んだ開発方式がうまくいった例はまだ多くないようです。しかし、ネットワークのおかげでこういった情報交換が以前よりも簡単になってきているわけですから、真のユーザ中心設計にもとづいたシステム開発が今後もっと行なわれてほしいものだと思います。

＊69　リーアンダー・ケイニー著、三木俊哉訳『スティーブ・ジョブズの流儀』武田ランダムハウスジャパン、2008年 ISBN:4270004215

＊70　http://www.goodreads.com/quotes/15297-if-i-had-asked-people-what-they-wanted-they-would

＊71　ドナルド・A・ノーマン著、野島久雄訳『誰のためのデザイン?—認知科学者のデザイン原論』

新曜社、１９９０年 ISBN: 478850362X

5　ユーザ評価の落とし穴

人間が利用するシステムを作るときは、かならずユーザテストが必要です。開発の初期段階において客観的な他人の目で見てもらうことにより、問題を早期発見することができますし、まったくスジが悪いようであれば最初から考え直すこともできます。前出のジェイコブ・ニールセンによれば、ごく少人数のテストユーザであっても、評価してもらうことによって劇的に問題点が減るのだということです。[*72]

完成したシステムについてもユーザ評価は重要です。新しいユーザインタフェースシステムを開発した研究者は、学会で論文を発表することによってそのシステムを世に広めるのが通例ですが、論文を発表するためには、識者による論文査読を通過する必要があります。新規ではないシステム、あるいは有用ではないシステムなど、発表する価値がないシステムは査読の段階で問題点が指摘され、論文として発表されないようになっています。このとき、実際のユーザがそのシステムを使ったときのデータは、システムの良し悪しを知る重要な手がかりとなるので、論文が採録されるかどうかを大きく左右する要素となります。また、ユーザによる評価が行なわれていない論文は、そもそも採録の価値なしと判断される可能性が高くなります。

定量的なユーザ評価結果を得ることができれば、様々な数値的解析を行なうことができますから、論文はより科学的な体裁を帯びることになります。「新しいシステムを使いやすいと答えるユーザが多かった」という記述より、「100人のユーザに対して新システムを1週間利用させたところ、作業効率が30％上昇した」という記述の方が説得力があるでしょうし、「統計的検定を行なったところ $p<0.05$ で有意差が観測された」[*73]などと記されていれば、さらに説得力がアップするでしょう。システムの良し悪しよりも、ユーザ評価の質が高いかどうかによって論文の評価が変わってくることになります。

コンピュータ科学に関する世界最大の学会であるＡＣＭ（Association for Computing Machinery）[*74]では、毎年ユーザインタフェースに関連するＣＨＩ（Computer-Human Interaction）コンファレンス[*75]を開催しており、インタフェースシステムに関する数多くの論文が発表されています。発表論文の統計を調べた結果[*76]によると、最近のＣＨＩコンファレンスで発表される論文のほとんどにおいて、ユーザ評価結果が記述されているということです。

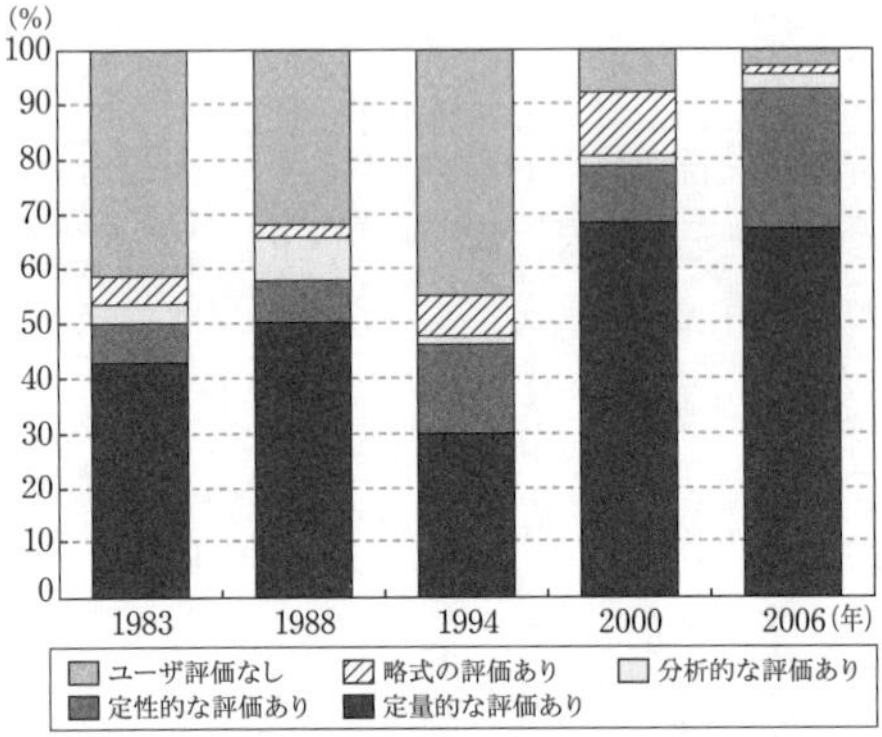

CHIコンファレンス論文にユーザ評価が含まれる割合

論文中でユーザ評価について述べられている率は毎年増えており、２００７年の論文集では70％の論文において定量的評価が記述されており、25％の論文において定性的評価が記述されていました。つまり、実に95％の論文においてなんらかの形でユーザ評価に関する記述が行なわれていたことになり、ユーザ評価について記述していない論文はほとんどリジェクトされたのだろうと考えられます。

システムの開発時にユーザ評価が重要であることは間違いありませんが、ユーザ評価結果を重視しすぎると問題が出ることがあります。また、きちんとした定量的評価をしない限り、論文が採録されない（ように思われる）ことにも弊害があります。

最近はユーザ評価を重視しすぎることに関して疑問を感じる研究者も増えているようで、著名なインタフェース研究者であるビル・バクストン[*77]とソール・グリーンバーグ[*78]は、

「Usability Evaluation Considered Harmful (Some of the Time)」[*79]という論文でユーザ評価偏重主義の問題点を論じています。また、ＭＩＴ[*80]のヘンリー・リーバーマン[*81]も、「The Tyranny of Evaluation」[*82]という記事で問題を提起しています。これらの資料では、開発に際してユーザ評価に重点を置きすぎた場合は以下のような弊害があると述べています。

●新規性があるシステムについてデザインの初期段階でユーザ評価を行なうと、現存のインタフェースと似ていないという理由で低い評価しか得られないことがある。
●先進的なものを試す場合、未熟な部分が少しでもあれば、そのために良い部分が隠れてしまい、低い評価しか得られないことがある。
●普通のユーザは積極的に新しいシステムを利用しようとは思わないものなので、文化的に技術がどのように受け入れられていくかを長期的に考える必要があるが、短期的なユーザ評価ではこれがわからない。
●既存のシステムに慣れたユーザは、それとは異なるシステムを「直感的でない」と感じてしまい、低い評価を与えてしまいがちである。

また、新しいインタフェースに関する論文を書く場合、以下のような弊害が出ると述べられています。

●まったく新しい「大発明」は既存のシステムと比較することが難しいため説得力のある評価結果を得ることができず、論文として採録されにくい。

●既存のシステムと数値的に比較できるものの方が簡単に評価実験を行なうことができるため、まったく新しいシステムについて考えるよりも、小さな改良について研究しようとする人間が増えてしまう。

●既存システムとの比較実験は恣意的である可能性がある。既存システムと少しでも違う点があれば、特定の状況において既存システムより優れた評価結果が得られる可能性は高いが、新しいシステムが全体的に既存システムよりいいとは限らない。

これらの問題に加え、私は以下のような点においてユーザ評価が信頼できないと感じています。

●そもそも人間はあやふやなものなので、信頼のおける評価実験を行なうことは難しいにもかかわらず、追試が行なわれたり、その結果が論文になったりしていることはほとんどない。
●評価実験では職場の同僚や研究室の学生が被験者として実験が行なわれることが多いが、システム作成者と関係がある被験者の場合、上司や指導教官のシステムを低く評価することは難しいと思われるので、上司や指導教官が作成したシステムを高く評価してしまう可能性が高い。
●システムの良し悪しは長期的に利用してはじめてわかることも多いし、短期的な実験における印象と長い間使った後の印象は異なることも多いが、大抵の論文では短期的な評価実験しか行なわれていない。

MITのメディアラボ[*83]所長だったニコラス・ネグロポンテ[*84]は著書*Being Digital*[*85]において、「私はインタフェース研究におけるテストやユーザ評価はくだらないと思っている。傲慢かもしれないが、丁寧に調べなければ違いがわからないようなものはそもそもたいした違いがないのだ」と述べています。ネグロポンテがこう言ったのは1995年のことですが、その後もずっとＣＨＩコンファレンスではユーザ評価の比重が高くなっていったのは残念なことです。最近のＣＨＩコンファレンスでは、本論文のセッションは評価の話が多いので人気がなく、ショートペーパーやポスターセッション[*86]の方は多くの人が集まっているという状態が続いていました。

ユーザインタフェースに関する国内ワークショップＷＩＳＳ[*87]（Workshop on Interactive Systems and Software）では、２０１０年からユーザ評価の有無を査読基準から除外することになりました。学会での評価偏重主義が少しでも改善されることを期待したいと思います。

＊72　http://www.usability.gr.jp/alertbox/20000319.html
＊73　検定結果が間違ってる可能性が５％以下という意味です。
＊74　http://www.acm.org/
＊75　http://www.sigchi.org/
＊76　http://www.itu.dk/people/barkhuus/barkhuus-altchi.pdf
＊77　http://www.billbuxton.com/
＊78　http://pages.cpsc.ucalgary.ca/ saul/

＊79 Saul Greenberg and Bill Buxton. Usability Evaluation Consid-ered Harmful (Some of the Time). in Proceedings of the SIGCHI Conference on Human Factors in Computing Systems (CHI '08),pp.111-120,2008. http://www.slideshare.net/saul.greenberg/usability-evaluation-considered-harmful-some-of-the-time

＊80 http://www.mit.edu/

＊81 http://web.media.mit.edu/ lieber/

＊82 http://web.media.mit.edu/ lieber/Misc/Tyranny-Evaluation.html

＊83 http://www.media.mit.edu/

＊84 http://en.wikipedia.org/wiki/Nicholas Negroponte

＊85 ニコラス・ネグロポンテ著、福岡洋一訳『ビーイング・デジタル - ビットの時代』アスキー、２００１年 ISBN:4756139655

＊86 採録基準が緩い傾向がある短い論文や対話発表。

＊87 http://wiss.org/

3 ウェブ時代のトレンド

1　人力パワー

ブログやSNSの炎上[*88]を見るにつけ「この元気な力を発電か何かに使えないか？」と思うことがよくあります。現存の技術では炎上パワーを発電に使うのは難しいでしょうが、人力パワーを有効活用する方法はいろいろ考えられます。インターネットで全世界のコンピュータが接続されたことによって無限の計算パワーが利用できるようになったのは間違いありませんが、ネットによって接続された全人類の力も同時に利用できるようになったことはそれ以上に革命的なことかもしれません。機械でもできることに人力パワーを使うのはもったいないので、人間にしかできないことに人力パワーを使うのがいいでしょう。

パタン認識[*89]や自然言語処理[*90]のように、機械よりも人間の方が得意な仕事は沢山ありますし、創造的活動はまだまだコンピュータにはできません。書評を書いたり、レストランの評判を投稿したりすることは、コンピュータには永遠に無理でしょう。このような人間の情報処理能力を、ネットを使って有効利用する様々な手法が最近増えています。

例えば、人間には読めるけれどもコンピュータには読むのが難しいような文字画像を使って、人間かどうかを判別するキャプチャ（CAPTCHA）[*91]というシステムが最近広く使われるようになってきました。上のような画像の文字を人間は簡単に読むことができますが、コンピュータで認識することは難しいので、読めた人間にだけ投稿を許すことによって、自動的なスパム投稿の拒否などに利用されています。

キャプチャは人力パワーの消極的な応用といえるでしょうが、人力パワーを積極的に使うreCAPTCHA[*92]というシステムも提案されています。キャプチャは、コンピュータが文字認識に失敗するような歪んだ文字であっても人間ならば読むことができるという性質を利用しているわけですが、計算機が生成したキャプチャ画像①を読めるような人間であれば、計算機が文字認識できなかった文字列画像②も読める可能性が高いと思われますから、①のキャプチャ画像をユーザに読ませるのと同時に②をユーザに提示して読ませることによって、人間に文字認識タスクを実行させてしまおうというのがreCAPTCHA のアイデアです。

CAPTCHA の例

reCAPTCHA の例

前ページ下の図の左側はコンピュータが生成した歪み文字列で、右側はコンピュータが認識に失敗した画像です。左側のキャプチャ画像を読むことができたユーザに右側の文字も読んでもらうことによって、人力パワーで画像認識をさせることに成功したことになります。認証作業1回につき1単語しか人力認識できませんが、世界中の人間がこの作業を行なえば、沢山の古い難読文書をコンピュータで扱えるようになるでしょう。

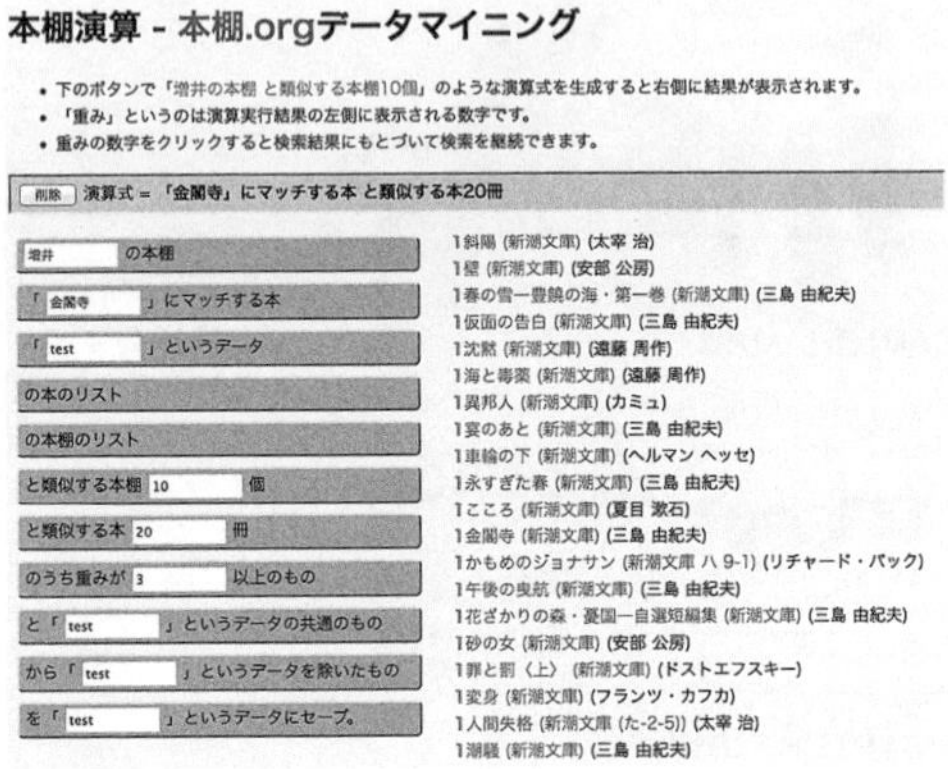

本棚演算 - 本棚.orgデータマイニング
• 下のボタンで「増井の本棚 と類似する本棚10個」のような演算式を生成すると右側に結果が表示されます。
• 「重み」というのは演算実行結果の左側に表示される数字です。
• 重みの数字をクリックすると検索結果にもとづいて検索を継続できます。
削除 演算式 = 「金閣寺」にマッチする本 と類似する本20冊
増井 の本棚
「金閣寺」にマッチする本
「test」というデータ
の本のリスト
の本棚のリスト
と類似する本棚 10 個
と類似する本 20 冊
のうち重みが 3 以上のもの
と「test」というデータの共通のもの
から「test」というデータを除いたもの
を「test」というデータにセーブ。
1斜陽 (新潮文庫) (太宰 治)
1壁 (新潮文庫) (安部 公房)
1春の雪―豊饒の海・第一巻 (新潮文庫) (三島 由紀夫)
1仮面の告白 (新潮文庫) (三島 由紀夫)
1沈黙 (新潮文庫) (遠藤 周作)
1海と毒薬 (新潮文庫) (遠藤 周作)
1異邦人 (新潮文庫) (カミュ)
1宴のあと (新潮文庫) (三島 由紀夫)
1車輪の下 (新潮文庫) (ヘルマン ヘッセ)
1永すぎた春 (新潮文庫) (三島 由紀夫)
1こころ (新潮文庫) (夏目 漱石)
1金閣寺 (新潮文庫) (三島 由紀夫)
1かもめのジョナサン (新潮文庫 ハ 9-1) (リチャード・バック)
1午後の曳航 (新潮文庫) (三島 由紀夫)
1花ざかりの森・憂国―自選短編集 (新潮文庫) (三島 由紀夫)
1砂の女 (新潮文庫) (安部 公房)
1罪と罰〈上〉 (新潮文庫) (ドストエフスキー)
1変身 (新潮文庫) (フランツ・カフカ)
1人間失格 (新潮文庫 (た-2-5)) (太宰 治)
1潮騒 (新潮文庫) (三島 由紀夫)

本棚演算

コンピュータは書評を書いたり、レストランの評判を投稿することはできませんが、そのような結果をまとめて計算することは得意ですから、他人の評価をもとにして自分がほしい情報を取得する「協調フィルタリングシステム」が広く使われるようになってきました。例えばアマゾン・コムで本を検索すると、「この商品を買った人はこんな商品も買っています」という情報が表示されます。これはアマゾン・コムで本を買った人の購入行動（人力パワー）をうまく情報として利用していることになります。

私が運営している本棚.orgというサイト（P20）ではユーザが自分の作った「本棚」に自由に本を登録することができるようになっており、登録情報を利用した「本棚演算」[*93]（前ページの図）によって本や本棚の関係を計算することができます。

本を買ったりリンクを貼ったりするといった単純なユーザ行動を沢山集めるだけで重要な情報が出現するわけですから、もっと広範な人間の行動データを集めることができれば応用はさらに広がるはずです。あらゆる行動が自動的に収集されて解析されるのは誰でも嫌ですが（「ライフログ」（P147）で解説）、明示的に発信した情報が共有されて有効活用されるのであれば大丈夫でしょう。写真や動画にタグをつけたりソーシャルブックマークを利用したりする積極的な行為や「炎上」「祭り」でさえもじゃんじゃん人力パワーとして利用したいものです。

グーグルが採用している「ページランクアルゴリズム[*94]」は、他ページを評価するという人力パワーが最も有効に利用されている例かもしれません。書籍やウェブページの中身を解析するだけでなく、人力による付帯情報を重視すると効果的な検索ができるという事実は、人力パワーの有効性の証明になっているといえるでしょう。

グーグルが発見したような人力パワーの隠れた応用は、まだまだあるに違いありません。例えば何かのシステムのテストを行ないたい場合、それをウェブで公開して多数の人間に使ってもらうことにより、大量のテストを効率的に実行することができます。また、ネット上の暇人に有益な仕事をしてもらう方法も考えられます。私は変な日本語を見ると直したくなることがあるのですが、変な英語を見ると直したくなるお節介なアメリカ人もいるかもしれませんから、こういう人間の衝動を利用した英文自動校正システムができる可能性があります（P24）。

作りかけのプログラムやアイデアを置いておくと、自動的に完成するシステムすらできるかもしれません。そんな都合のいい話は一見ありそうに思えませんが、間違いが書かれたウィキページは「こびとさん」[*95]が勝手に直してくれるものだといわれていますし、実際ウィキペディアでは頻繁に間違いが訂正され続けています。

最近はギットハブ（GitHub）[*96]というサイトでソフトウェアのソースコードを公開、共有することが流行していますが、公開したソフトウェアがよいものであった場合、改良して投稿してくれる親切な人も多く、人力パワーがあなどれないことがよくわかります。全人類を巻き込んだ人力計算力はまだまだ未知数です。これまで考えられなかったような人力パワーの利用法に期待したいと思います。

＊88　不祥事や問題発言などのためにネット上で爆発的に非難が集まる状況。
＊89　文字や画像の中身を理解する技術。
＊90　書き言葉や話し言葉を理解したり生成したりする技術。
＊91　http://www.captcha.net/
＊92　http://www.google.com/recaptcha
＊93　http://hondana.org/enzan
＊94　ウェブページのリンク関係をもとにページの重要度を見積もるアルゴリズム。
＊95　ウィキページは誰でも自由に編集できるので、間違いなどがあれば親切な人が直してくれることが多く、親切を受けた人が「夜中にこびとさんが直してくれた」と表現することがあるようです。
＊96　http://GitHub.com/

2　受動的なインタフェース

テレビ画面でウェブを楽しむ方法は、まだあまり流行していないようです。普及しない理由はいろいろあるでしょうが、そもそもパソコン上でブラウザを使うときは、前かがみな姿勢で能動的に面白い情報を探すスタイルが普通なのに対し、テレビというものはソファーにのけぞったり床に寝転がったり、ゆったりした体勢で受動的に利用するのが普通ですから、両者を同じ機械で扱うというのはそもそも無理があるのかもしれません。

＊パソコンを受動的に使う

パソコン上でも、何もかも能動的に操作をするのがいいわけではありません。プログラムを起動して時刻を知るよりも、画面のどこかに時計を表示しておく方が便利ですし、最近はタブレットやパソコンの画面に常駐して動作する軽いアプリ（ウィジェット）を使って天気やニュースなどを常に画面に表示させている人もいます。

こういう便利系の機能だけでなく、ぼーっと見ていても楽しめる面白系の機能があれば、能動的に頑張らなくてもネットを活用することができるようになるでしょう。レストランでメニューを読んで料理を注文するのは面倒ですが、食べるものがワゴンで運ばれてくる本格的飲茶や、回転寿司のように勝手に出てきた料理を食べるのは簡単です。パソコンでややこしい操作をするのは面倒ですが、面白い情報が自動的に出現するようであれば、何も操作する必要がないので便利です。

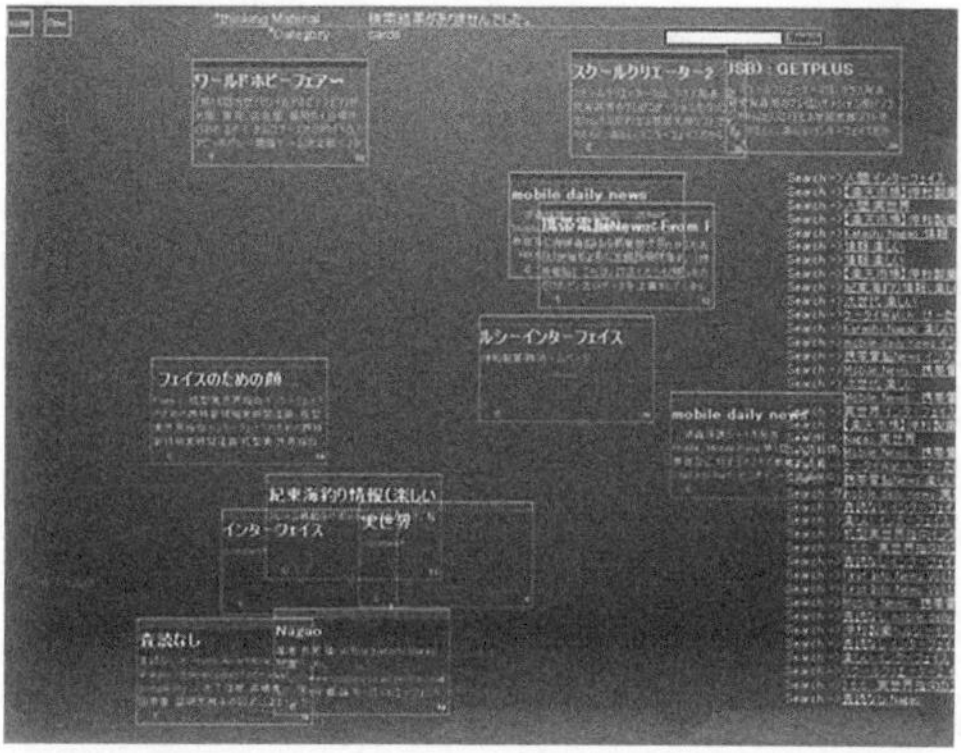

Memorium

＊受動的なインタフェース

このような受動的なインタフェースについて、様々な研究が行なわれています。例えば、何も操作しなくても面白い情報をみつけたり写真を楽しんだりすることができる「眺めるインタフェース」というものが提案されています。

前出の渡邊恵太氏が開発したMemorium[＊97]というシステムは、眺めるインタフェースのひとつで、キーワードとそのグーグル検索結果が画面上を浮遊し、ぶつかったキーワードから新たな検索が実行されるという動作が繰り返されるうちに、関連ある情報や思いがけない情報が自動的に表示されるようになっています。

＊97　渡邊恵太、安村通晃『ユビキタス環境における

眺めるインタフェースの提案と実現』情報処理学会論文誌、vol.49、No.6, pp.1984-1992,2008.
http://www.persistent.org/memorium.html

＊表示対象の選択

Memorium が表示する検索結果は、コンテンツとしてそれほど面白いものではありません。また、自動的に表示が変わるものとしてはスクリーンセーバやデジタルフォトフレームがよく使われていますが、自分の写真はやはりそれほど面白い情報ソースとはいえません。テレビ番組のように、次から次に新しく面白い画面が表示されてほしいものです。

面白いウェブページを自動的に表示し続けるシステムがあれば、テレビと同じように楽しむことができるようになるかもしれません。様々なウェブページをランダムに表示しても面白いとは思えませんが、最近は面白いブログなどの更新情報がＲＳＳとして配信されていますし、面白さがブックマークの数としてすぐわかるようになりましたから、前節で紹介した「人力パワー」を利用することによって、新しくて面白いウェブページを自動的に選んで眺めることができるようになってきました。人力パワーを利用したサービスは今後も増えるでしょうから、他力本願で受動的な楽しみ方がこれから期待されます。

＊能動と受動の切り換え

受動的に眺めていた情報をもっと詳しく見たくなることもありますし、つまらなければさっさと次のページに移ってほしい場合もあります。いちいちボタンを押すのは面倒なので、センサを活用してこういう意図を簡単に伝えられるようにしておくことも考えられます。

写真はパソコンの下にPhidgets[＊98]体重計を置いて作った「気合いブックマークシステム」です。

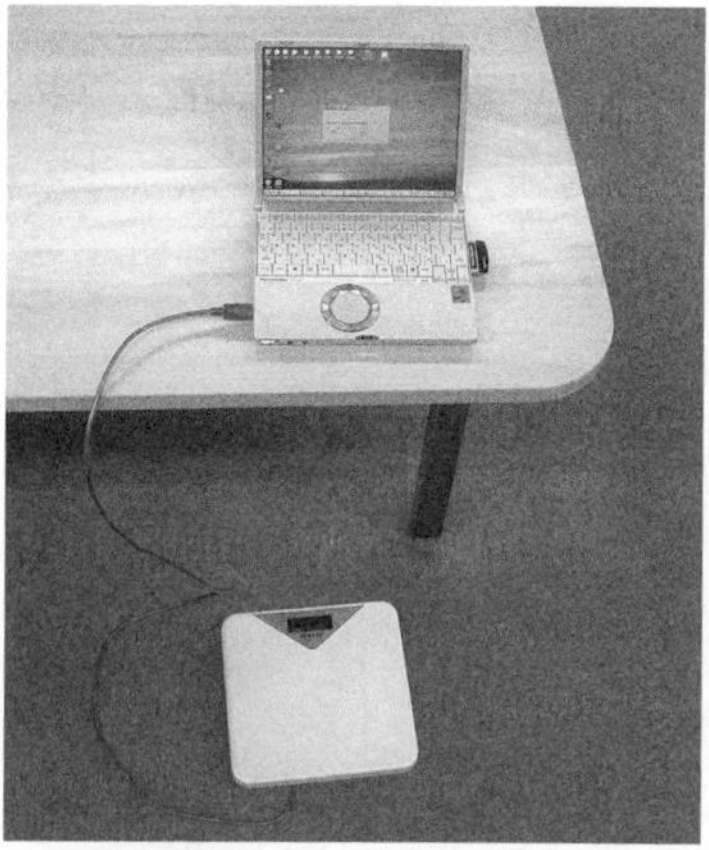

Phidgets体重計を利用した
気合いブックマークシステム

面白いページを見たとき「おおっ」と身をのり出して体重計に4キログラム以上の重みがかかると、現在見ているページがブックマークされるようになっています。このような自然な行動で「これはひどい」などといった感想を表現できるセンサを用意すればいいでしょう。

＊98　USB接続のセンサ／アクチュエータ。

http://www.phidgets.com/

＊カーム・テクノロジー（Calm Technology）

ユビキタスコンピューティングの提唱者であるマーク・ワイザーは、コンピュータが自己主張することなく人間をサポートする「カーム・テクノロジー」（Calm Technology）と呼ばれる技術がこれから重要であると主張していました。身の回りの機械は人間が能動的に操作しなければ使えないものがほとんどですが、何も考えなくても便利に使える自動ドアのようなシステムもあるわけですから、「使いやすい機械」について考える前に、「人間がぼーっとしていてもちゃんと役にたつ機械」の可能性を考えることが重要かもしれません。

3　クラウドソーシング

アマゾン・コムは2005年からメカニカル・ターク（Mechanical Turk）[＊99]という「クラウドソーシング」サービスを提供しています。クラウドソーシングとは、ネット上の誰かに仕事を頼むための仕組みで、メカニカル・タークは世界初の大規模なクラウドソーシングサービスです。メカニカル・タークの存在は有名になったものの、２０１４年現在、米国に銀行口座を持っていないと仕事を依頼できないため、日本で実際に利用したことがある人は少ないと思われます。しかし、実際にクラウド上で様々な仕事が依頼されたり請け負ったりされているということは画期的です。

クラウドソーシングサービスを様々なシステムのユーザインタフェースに利用しようという研究が、米国では最近流行しています。ユーザテストに利用するというのがもっとも手軽な例ですが、コンピュータと同じような機能をネット上の誰かに依頼してしまうという試みも盛んになっています。例えばＭＩＴで開発されたSoylent[*100]というシステムでは、ワードの編集メニューに「段落を短くまとめる」のような項目が追加されており、ユーザがこれを選択するとTurkit[*101]というライブラリを利用してメカニカル・タークへの発注が自動的に行なわれ、世界の誰かが段落を短くまとめてくれるようになっています。

クラウドソーシングの活用に関する研究や論文は近年かなり増えており、最近のユーザインタフェース系の学会ではかならずクラウドソーシングのセッションがあります。コンピュータに対する指示とクラウドソーシングの発注が同じレベルで実行できるのは実に面白いことですが、世界の誰かを安い金でコキ使っている印象もあります。

メカニカル・タークの仕事を請けることは誰でもできるので、自分でも実際に試してみたことがあるのですが、日本に関連した文章の説明が適切かどうかを英語で答えるという結構むずかしい仕事をみっちり1時間作業した結果、報酬1・8ドルをいただくことができました。先進国の人間でこんな金額で仕事をする人はいないでしょうから、Soylentの仕事を請け負うのは発展途上国の人間しかいないでしょう。こういうシステムを作ったり使ったりすることには、疑問を感じてしまいます。

とはいうものの、日本語が得意でかつ激安の給料で働いてくれる人間が大量にいるような国が世界のどこかに存在するとすれば、そういう人たちにいろんな雑用を発注したくなることは間違いありません。

英語が得意でかつ激安の給料で働いてくれる人間は世界に大量に存在するでしょうから、そういう人びとをクラウドソーシングという名目で搾取することは、アメリカ人には気にならないのかもしれません。世界の誰もが得をするような形で、クラウドソーシングサービスが発展してほしいものだと思います。

＊99　https://www.mturk.com/mturk/

＊100　http://projects.csail.mit.edu/soylent/
＊101　http://groups.csail.mit.edu/uid/turkit/

4　ライフログの効用

古いアイデアを復活させようとして昔の日記を読んでいたら残念な話を沢山思い出して気分が鬱になってしまったことがあります。インテルの社長だったゴードン・ベルは、自分の行動すべてを記録するいわゆる「ライフログ」を長年実践して普及を呼びかけていますが[＊102]、嫌な体験を簡単に思い出せるといろいろ不都合があるでしょう。

もちろんライフログ提唱者もこういう問題点については重々認識しているのですが、利点の方が多いのだから我慢すればいいと考える人が多くいます。しかし、本当に嫌な記憶は完全に忘れてしまう方がいい、ということは明らかでしょう。嫌なことを思い出しそうになったらすかさず別のことを考えるといった「忘れる技術」（P28）が重要だと私は思っていますし、大抵の人は嫌なことを思い出すのはまっぴらだと思っているでしょうから、単純なライフログが流行することはあまり想像できません。

残念な日記などについては「残念タグ」をつけておき、元気なときだけ閲覧できるようにするといった工夫があればいいのでしょうか。それとも本当に完全にログがついているなら、自分の気分も記録されているはずなので大丈夫なのでしょうか。

行動の完全な記録があれば、「きょうはいしゃにいった」を漢字に変換しようとするとき、実際の行動に応じて「今日は医者に行った」とか「今日歯医者に行った」と変換できるのでしょうか。いずれにしても、普通に行動をログするだけではあまり意味がないので、様々な工夫が必要になりそうです。

＊102 ゴードン・ベル、ジム・ゲメル著、飯泉恵美子訳『ライフログのすすめ――人生の「すべて」をデジタルに記録する！』ハヤカワ新書juice、２０１０年 ISBN:4153200107

5 貧乏な記録

パソコンで作成中の文章が何かのトラブルで全部消えてしまった、という経験を持つ人は多いと思います。昔のコンピュータは計算速度も記憶装置も充分ではなかったので、重要なデータを編集している場合は気をつけて、データをときどきファイルにセーブして使うのが普通でした。しかし、現在のコンピュータの速度や記憶容量を考えると、とくにユーザセーブ操作を指示しなくても、重要データは常にセーブするようにしておいても問題ないはずです。

極端な話、1秒に10回キーボードをタイプするという行為を、1日10時間100年間実行し続けたとしても、10文字×60秒×60分×10時間×365日×100年＝13ギガバイトしか入力できないわけですから、人間が入力、編集できる量はたかが知れています。コンピュータの操作をすべて記録しておくようにすれば、作成したデータが消えて困ることなどなくなるでしょうし、以前作成した情報を取り出すこともできるはずです。

不要と思って捨てたデータが後で必要になることもありますから、少なくとも自分が編集したデータぐらいは全部記録しておくべきでしょう。不要な動画ファイルなどを死蔵してディスク容量を圧迫するよりも、自分の操作情報をすべて記録しておいた方が有益なことは間違いありません。

しかし現実には、あらゆる編集操作を記録しているシステムはほとんど存在しないようです。よく使われているワープロも表計算ソフトも、自動的にファイルをセーブしてくれる気配はありませんし、データを入力して登録したと思ったら「データが間違っています」などといって入力フォームをクリアしてくれるウェブサービスに驚かされることも日常茶飯事です。

21世紀になってもこのような状態が続いているということは、あらゆる操作処理を記録しておくことの重要性がまだまだ認識されておらず、パソコンのメモリやディスクは大事に使わなければならない、という昔の貧乏根性から逃れられていないのでしょう。

あらゆるシステムにこういう問題があるわけではありません。一時流行したパームというＰＤＡの「メモ帳」には「セーブ」機能が存在せず、入力した文字はすぐに内蔵メモリに書き込まれるようになっていたので、データのセーブ忘れというトラブルは発生しませんでした。しかし、残念ながら編集操作をやり直す（ｕｎｄｏする）機能はありませんでした。

またウィンドウズ上のメモシステムとして定評のある「紙copi」[*103]のように、自動セーブや編集のやり直し機能を充分サポートしているソフトウェアもありますが、こういう製品はまだ少数派であり、業界に浸透した貧乏根性の完治には時間がかかりそうです。

既存のシステムでも、工夫次第で貧乏状態を脱出できる場合があります。ＵＮＩＸユーザの間で昔からよく利用されているEmacsエディタは、初期設定のままだとセーブ操作をしなければデータは保存されませんが、カスタマイズを行なうことによって問題を解決することができます。

山岡克美氏と高林哲氏が作成したauto-save-buffers[*104]というプログラムを利用すると、0・5秒操作が止まるとファイルが自動的にセーブされるようになっているので、ファイルセーブに失敗するトラブルを大幅に減らすことができます。最近のコンピュータの場合、よほど巨大なファイルを編集する場合以外、頻繁にファイルをセーブしてもとくに動作が遅くなることはありませんし、Emacsは強力なｕｎｄｏ機能が装備されているので以前の状態に戻すことも簡単です。編集を完全に終了してしまうと以前の状態に戻すことはできませんが、git[*105]やSubversion[*106]のようなバージョン管理システム[*107]を併用すれば、昔の状態に戻すこともできるようになります。

最近はウェブ上のウィキで情報を管理することが多くなってきましたが、ブラウザ上の編集インタフェースは激しく貧乏度が高いので、編集中のデータをセーブしそこなってしまうこともありますし、一度編集すると昔の状態に戻すことができないのが普通です。一方、P69で紹介したGyazzというウィキシステムでは、ブラウザでのテキスト編集情報をすべて記録しているので、常に古い状態に戻すことが可能です。次ページの上の図はラジオで聞い

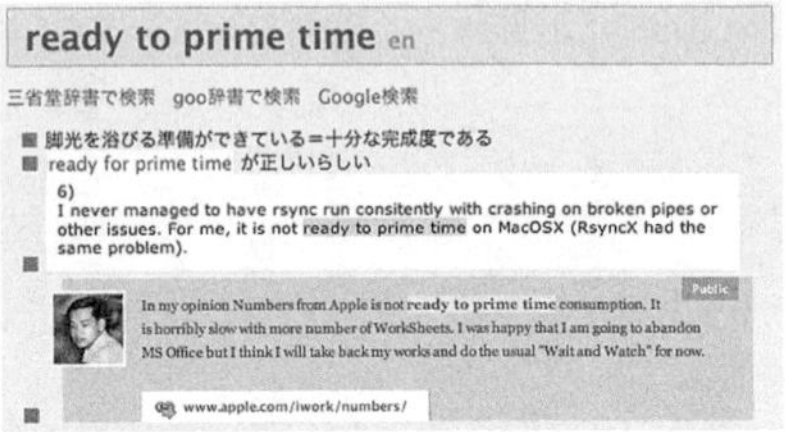

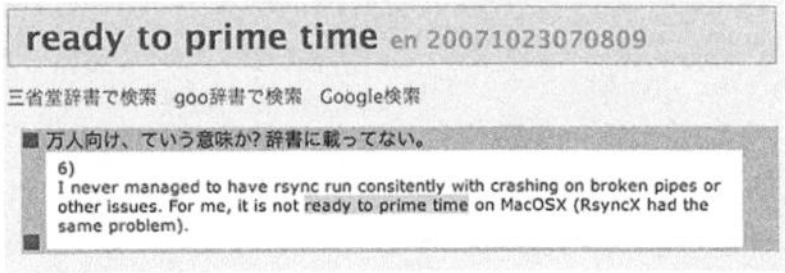

た「ready to prime time」という表現をGyazz上の単語帳ページに登録したもので、意味、用例、関連情報が登録されています。この状態でｕｎｄｏキーを何回か押すと下の図のような状態になります。

「ready to prime time」というフレーズは辞書に載っていなかったため、人に聞いたり検索し直したりして編集を行なったわけですが、単語帳システムではｕｎｄｏキーを押すことによって編集履歴をすべてたどることができます。また、データの古さに応じてバックグラウンドの色が変化するので、いつごろ編集されたデータなのかを判断しやすくなっています。

Gyazzには書き込みボタンが存在せず、編集結果はすべてセーブされるようになっています。貧乏なシステムに慣れている人にとっては、本当にデータがセーブされているのか不安になるかもしれませんが、ｕｎｄｏ操作で編集状況を確認することができればこういった不安は減ってくるでしょう。

パソコンやウェブ上で貧乏性が払拭されるにはまだまだ時間がかかるのかもしれませんが、この程度の機能であれば簡単に組み込めるので、あらゆる場所でこのような機能が常識になってほしいものだと思います。

＊103 http://www.kamilabo.jp/
＊104 http://0xcc.net/misc/auto-save/
＊105 http://git-scm.com/
＊106 http://ja.wikipedia.org/wiki/Subversion
＊107 3http://ja.wikipedia.org/wiki/ バージョン管理システム

6　メールの終焉

メールというコミュニケーションシステムはかなり昔から使われ続けていますが、以下のような多くの問題点を持っています。

●確実に届くかどうかわからない

●読んでもらえたかどうかわからない
●一度送ってしまうと訂正できない
●発信者を詐称できる
●誰にでも送れてしまう（スパムを簡単に送ることができる）
●送られてきたものはすべて受け取らなければならない
●相手を知っていてもアドレスを知らなければ送れない
●テキストしか送れない
●アドレスを間違えやすい
●複数の人間で情報を共有しにくい
●秘密情報を送りにくい

様々な工夫によりこれらの多くは解決されているのですが、複雑な情報をきめ細かく交換したり共有したりするには根本的に向いていないので、今後メールシステムは消えゆく運命にあると思われます。しかし、そのような大きな動きが顕在化しないのは、メールを完全に駆逐できる優れたコミュニケーションシステムがまだ発明されていないからでしょう。

メールは使えるけれどもウェブは使えないという端末がほぼ存在しなくなった現在、メールキラーとなるようなブラウザ上のコミュニケーションシステムを発明できれば、世界中の通信を支配できるに違いありません。フェイスブックのようなSNSやLINEなどのショートメッセージ（SMS）がメールのかわりに使われるようになってきているのは確かですが、まだまだメールほど汎用に利用されてはいないようです。メールを完全に超えるコミュニケーションシステムを開発できれば、ネット界をしばらく支配することが可能になるでしょう。

7　流れる情報と留まる情報

世の中で流通している情報は、いつでも参照できる「ストック型情報」と、リアルタイムに流れてくる「フロー型情報」に大きく分類することができます。新しいニュースや天気予報は重要ですが、古い情報はあまり役に立たないのでフロー情報として扱うのが適切ですし、百科事典や辞書などはストック情報として扱うのが適切です。しかし、新しくてかつ保存が必要な重要な情報の場合、両タイプの取り扱いが必要になるので面倒です。

＊ストック情報とフロー情報の変換

ストック情報とフロー情報は様々な場面で変換が行なわれています。聞いた話をメモ帳に書くという行為はフロー情報のストック化ということになりますし、手帳からネタを探してＳＮＳに投稿している人はストック情報をフロー化していることになります。人間が見たり聞いたりする情報はすべてフロー的ですが、ストック型の情報蓄積装置である脳内情報に変換され、フロー的な会話情報として出力されます。

ネット上にはウェブページ、メール、掲示板、ウィキ、ブログ、ＳＮＳなど様々なコミュニケーションシステムが存在しますが、これらはフロー的かストック的かのいずれかであることが多く、両方の特徴を備えた便利なシステムは多くありません。

掲示板やメーリングリストはフロー型のコミュニケーション手法ですから、重要な情報をストック的に利用したい場合はアーカイブやまとめサイトを併用しなければなりません。フロー型の情報であるツイッターのツイートをまとめるためにトゥギャッター[＊108]というサービスが利用されたり、様々なフロー情報をまとめるＮＡＶＥＲまとめ[＊109]というサービスに人気が集まったり、フロー情報をストック情報に変換するサービスは人気があります。またウェブページはストック型ですから、内容に変化があったことをフロー情報として通知するためにRSS[*110]がよく利用されています。ネット上でフロー情報とストック情報をうまく扱う方法は大きな課題です。

＊108　http://togetter.com/
＊109　http://matome.naver.jp/
＊110　ウェブサイトの更新状況を把握しやすくするための要約データ。

＊メーリングリストにおけるフローとストック

メールは普通フロー情報を扱うのに適していますが、メーリングリストのメンバ間で情報共有をするような場合、ストック情報も扱いたくなることがあります。例えばパーティーに関するメーリングリストでは、以下のように様々なフロー情報やストック情報の交換や共有が必要になります。

●パーティーの開催を伝える（フロー）

●だいたいの場所と日時を知らせる（フロー）
●日時・場所の詳細を知らせる（ストック）
●準備の詳細を決める（ストック）
●参加者リストを管理する（ストック）
●直前に緊急連絡する（フロー）
●撮った写真を共有する（ストック）

普通のメーリングリストではこれらの情報がすべてメールで交換されますが、開催場所のような重要情報が古いメールに埋もれてしまったり、大量に流れる参加／不参加通知が鬱陶しかったりすることがありますから、こういった情報はストック情報として管理できるシステムが望まれます。

私が運営しているQuickMLというメーリングリストサービスでは、フロー情報とストック情報の両方をうまく扱うことができるシステムを利用できるようになっています。QuickMLは、「(任意の名前) @quickml.com」というアドレスにメールを出すだけでメーリングリストを作って使えるというお手軽なメーリングリストサービスで、編集可能なウェブページをQuickMLの各メーリングリストに併設することによってストック情報も扱えるようになっています。メーリングリストのメンバであれば、「http://quickml.com/（任意の名前）」というウェブページに情報を書き込むことができます。

昔ヨットのセーリングに誘ってもらったとき、「sailing-20080316@quickml.com」という名前のメーリングリストを作り、準備などの情報交換のために「http://quickml.com/sailing-20080316」というウェブページを活用しました。事前の準備や食事の用意などではウェブページを活用し、全員への連絡はメールを利用するという方法により、効率的に事前の情報交換を行なうことができました。また、撮った写真を後でアップロードして共有するのにも利用しています。パーティーなどでは参加や準備の連絡がわずらわしいもの

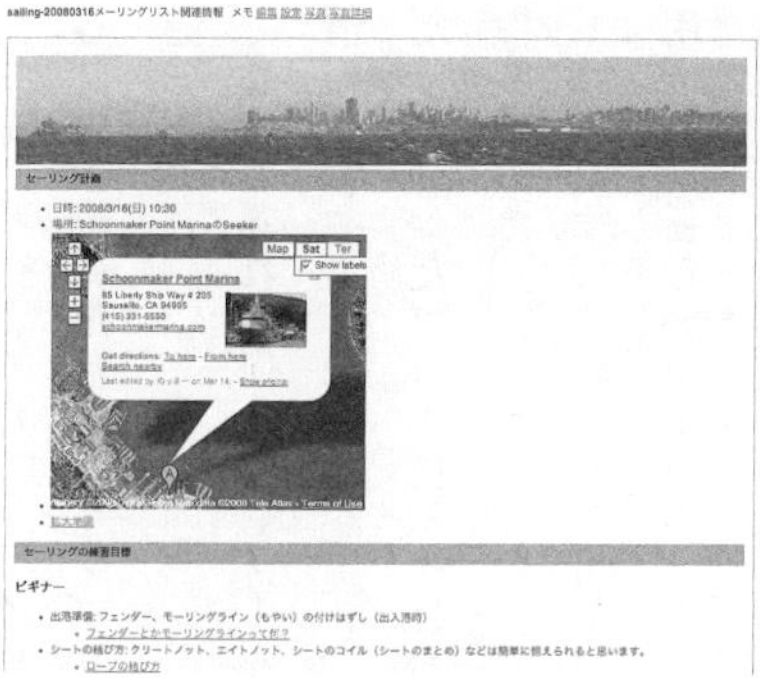

セーリングに関するメーリングリストのウェブページ

写真の共有

ですが、そのようなストック情報はウェブ上に書き込んでもらい、全員に連絡する必要があるフロー情報だけメーリングリストに流すことによって効率的に情報共有を行なうことができました。

通常であれば何十通もメールの交換が必要だったでしょうが、このときは重要なストック情報はすべてウェブに記述し、「ウェブに情報を書いて下さい」とか「写真をアップしました」といったフロー情報だけがメーリングリストに流れたので、流れたメールは全部で10通程度でした。

メールはスパムなどの問題が多いため、将来的にはフロー情報とストック情報をうまく併用できる新しいコミュニケーション手段がほしいところですが、メールが広く普及している現在、新しいコミュニケーション手段にすぐに移行することは難しいでしょう。現状では、広く使われているメーリングリストとウェブページをうまく併用することによってストック情報とフロー情報をうまく扱う方法が実用的かもしれません。

4　ユビキタスな生活

1　ユビキタスとユニバーサル

性能がいいコンピュータやディスプレイを持っているのに、ウィンドウもメニューもスクロールバーも使わずにキーボードだけを使って四苦八苦しながら仕事をしている人を見たら、「何故この人はキーボードだけで仕事をしているのだろう。グラフィカルユーザインタフェース（ＧＵＩ）を使えばもっと楽に仕事ができるのに」と思わずにはいられないはずです。現代の人間はパソコンのウィンドウやメニューに慣れているのでこのように感じるわけですが、そういうものを見たことがない人にとってはその感覚を理解できないでしょう。

日常の生活環境でコンピュータがあまり活用されていない状況はこれによく似ています。高性能なコンピュータ・インターネット・各種のセンサやモーターなどが沢山存在するのに、普段の生活でこれらが効果的に利用されていないことは、未来の人間から見れば「何故○○を××のように使わないのか」不思議に思われてしまうでしょう。このような状況はコンピュータの新しい使い方の発明によって劇的に改善されるはずです。

＊コンピュータの進化とユーザインタフェースの変容

シリコンバレーのマウンテンビューにはコンピュータ歴史博物館（Computer History Museum）[＊111]という博物館があり、世界最初のコンピュータといわれるＥＮＩＡＣをはじめとする歴史的コンピュータが沢山展示されています。初期のコンピュータは巨大な制御パネルや複雑そうな装置の塊であり、近寄り難い気配を醸し出しています。

比較的最近まで、コンピュータといえばもっぱら特殊な人間が、特殊な場所で特殊な用途に使うものでした。大規模計算が必要な研究者が大型コンピュータセンターに出入りして、特殊な数値計算を行なうといった使い方が普通だったのは遠い昔の話ではありません。

パソコンが出現してからは、一般の人間が家庭でも様々な目的でコンピュータを使うようになり、存在が意識されることなくコンピュータが利用される機会も非常に多くなっています。近視の人間が眼鏡を利用するように、速く走れない人間が自動車を使うように、弱点を克服する目的でコンピュータが使われることも多くなってきました。ひと昔前は機械を扱うことを得意とする人間だけがコンピュータを利用していたのに対し、現在はどちらかというと機械の操作を苦手とする人間がコンピュータの最大ターゲットユーザになりつつあり、コンピュータの進化が量的な変化から質的な変化に転換しつつある激動期だといえるでしょう。

Alto ワークステーション
（Martin Pittenauer）

コンピュータの使われ方が質的に大きく転換しつつあるにもかかわらず、コンピュータを利用する方法に質的な大きな変化は起こっていません。コンピュータの大きさやディスプレイ装置は大きく変化しましたが、創成期のコンピュータの入力装置と現在のパソコンの入力装置は機能的にそれほど違うわけではないのです。

ウィンドウやアイコンやメニューを使うＧＵＩは、１９７３年にゼロックス社のパロアルト研究所（Palo Alto Research Center：ＰＡＲＣ）で作られたＡｌｔｏというワークステーション[*112]ではじめて組み込まれました。

Ａｌｔｏやその後継製品は商品としてはあまり成功しませんでしたが、１９７９年末にＰＡＲＣを見学してＡｌｔｏのＧＵＩに衝撃を受けたスティーブ・ジョブズが開発したＬｉｓａ[*113]やマッキントッシュ[*114]は商品として大成功し、ＧＵＩは世の中に広く知られることになりました。

微妙な違いはあるものの、１９８０年代に発売されたＬｉｓａやマッキントッシュの画面や操作インタフェースは現在のパソコンのものと大きく変わるものではありません。コンピュータの速度、メモリやディスクの容量の変化に比べるとインタフェースは驚くほど変化していません。

１９９１年ごろ、私は約４０００ドルで購入したNeXTStationというコンピュータを使っていました。NeXTStationはジョブズがアップルを追い出されてから設立したＮｅＸＴ社で作ったＵＮＩＸワークステーションです。およそ１０００ドット×１０００ドットの「メガピクセル」ビットマップディスプレイの上でNeXTstepというウィンドウシステムが動き、私はInterface BuilderというＧＵＩ作成ツールとObjective-C[*115]でアプリを作ったり、Emacsエディタを使ってＴｅＸ[*116]で論文を書いたり、Diagram!というお絵描きシステムで図表を作成したりしていました。

Lisa（Stehlkocher）

NeXTStation（Alexander Schaelss）

その後ＮｅＸＴ社はアップルに買収され、NeXTstepはＭａ

cＯＳＸとして生まれ変わりましたが、２０１４年の私は相変わらず Interface Builder を含む XCode[*117] 上で Objective-C でアプリを作ったり、Emacs とＴｅＸで論文を書いたり、Diagram! の後継システムである OmniGraffle[*118] というお絵描きシステムで図表を作成したりしているので、私のコンピュータの使い方は20年以上ほとんど変わっていないことになります。

コンピュータ環境はずいぶん進歩したように見えるのに、20年前と違うのはウェブブラウザぐらいだというのは情けない話で、これでよいのか根本的に考えてみる必要がある気がします。

コンピュータ利用における真に質的な変化を実現させるためには、現在一般的なキーボードやディスプレイを使うＷＩＭＰ的な操作体系を一新する必要がありますが、そのようなトレンドが「ユビキタスコンピューティング」という言葉で表現されています。

＊111　http://www.computerhistory.org/
＊112　個人で使う高機能コンピュータがこのように呼ばれていました。
＊113　http://ja.wikipedia.org/wiki/Lisa_（コンピュータ）

＊114 http://ja.wikipedia.org/wiki/Macintosh

＊115 Ｃ言語を拡張したオブジェクト指向プログラミング言語。ＭａｃやｉＰｈｏｎｅはObjective-Cで記述されている。

＊116 Donald Knuth が開発した文書整形システム。

＊117 アップルが提供するＭａｃ上のソフトウェア開発環境。 https://developer.apple.com/jp/xcode/

＊118 https://www.omnigroup.com/omnigraffle

＊ユビキタスコンピューティング

１９９３年、ＧＵＩが発明された場所であるゼロックス社ＰＡＲＣの研究者だったマーク・ワイザーは、新しいコンピューティングのパラダイムとして「ユビキタスコンピューティング」という概念を提唱しました。[＊119] ユビキタスコンピューティングという言葉は、「いつでもどこでもコンピュータを使える環境」という意味で使われることが多いですが、ＭＩＴの石井裕氏が指摘しているように、[＊120] その本当の主旨はコンピュータが「環境にすっかり溶け込み消えてしまう」ことを目指したものでした。

使い方がよくわからない装置やセンサに埋もれて暮らすことがユビキタスコンピューティングなのではなく、センサやコンピュータの存在を意識しなくても自然にコンピュータを利用できる環境がユビキタスコンピューティング環境だということです。このような主旨を明確にするため、その後ワイザーはこういう技術を「カーム・テクノロジー」（前述）と呼び直しました。またこういった環境は「アンビエント」や「Disappearing Computing」などと呼ばれることもあります。

コンピュータの小型化やネットワークの進化にともなって、ユビキタスコンピューティングは徐々に現実のものとなりつつあります。スマホやノートパソコンを持ち歩いていろいろな場所や状況で使う「モバイルコンピューティング」[*121]は現在ごく普通になっていますし、モバイルコンピューティングの究極の形態として、機器を衣服のように身につけて使う「ウェアラブルコンピュータ」や、人間の体とコンピュータを一体化してしまう「インプランタブルコンピュータ」なども近年よく話題になっています。モバイルコンピューティングやウェアラブルコンピューティングは真のユビキタスコンピューティングにいたるまでの途中段階の一形態といえるでしょう。

＊119 Mark Weiser. Some Computer Science Issues in Ubiquitous Computing. Communications of the ACM, Vol.36, No. 7, pp. 75-84, July, 1993. http://dl.acm.org/citation.cfm?id=159617

＊120　石井裕『ユビキタスの混迷の未来』ヒューマンインタフェース学会誌、Vol.4, No.3,pp.129-130,2002. http://gyazz.com/upload/6733a74c7f4abc7c29f512a92b3f5ee2.pdf

＊121　塚本昌彦『モバイルコンピューティング』岩波書店、２０００年 ISBN:4000065777

＊実世界指向インタフェース

コンピュータ内部のデータとコンピュータ外のデータや事物は感覚的にかなり異なっており、変換のためには各種の入出力装置が必要になります。レシートに印刷された金額を直接エクセルにコピーすることはできません。しかしこれらの間のギャップは工夫次第でかなり小さくすることができます。

例えば、紙の上に式を書けば自動的にその右に答が印刷されるようなコンピュータや、英単語を見ただけでその意味を教えてくれるような眼鏡があれば便利でしょう。このように、キーボードやディスプレイのようなコンピュータ専用の装置を利用することなく、コンピュータ内部のデータと現実の事物の間のギャップを最小にして、コンピュータを意識することなく透明な存在として活用するための研究が近年盛んになってきています。このような技術は総称して「実世界指向インタフェース」と呼ばれています。

自動ドアはセンサやモータで作られた機械ですが、構造についてまったく知らなくても誰でも使うことができますし、場合によっては存在すら気付かずに使うこともできます。コンピュータは使いにくいものだと一般に考えられていますが、自動ドアと同じレベルでコンピュータやネットワークを利用できれば、素晴らしいことではないでしょうか。

例えば、何かについて知りたいと思ったとき、コンピュータやネットワークのことをまったく知らなくてもすぐに調べることができれば便利でしょう。このようなことを可能にするためには、様々な実世界指向インタフェースの工夫が必要になります。

優れた実世界インタフェースが使える状況では江戸の長屋でも快適に暮らせるかもしれません。長屋というものは恐ろしく狭いし、風呂はないし、トイレは共同だし、楽しいものが何もなくて最悪だと思うのが普通でしょうが、以下のような状況で実世界インタフェースが完備していればどうでしょうか?

- ●無線ネットワーク完備
- ●障子のスクリーンにあらゆる情報を表示
- ●神棚のサーバであらゆる情報管理

●あちこちのセンサでキーボード入力
●完全自動冷暖房
●電子書籍を使っているので本棚が要らない

これらに加え、近所にいいレストランやコンビニや風呂屋があれば、長屋暮らしも悪くないと思えるのではないでしょうか。

誰もがいつでもどこでもコンピュータやネットワークの資源を活用できるようになるのは時間の問題で、そのための工夫が今後急速に進むでしょう。現在のコンピュータインタフェースはキーボードやディスプレイを使うGUIが主流なので、「ユビキタスコンピューティング」「実世界指向インタフェース」のような概念が提唱されてきたわけですが、実世界でコンピュータを自由に使うことが将来あたりまえになってしまえば、このような言葉が使われる機会は減ってくるでしょう。

＊ユニバーサルデザイン

将来はあらゆる人間がコンピュータを使うことになるでしょうから、「いつでもどこでも」

コンピュータが使えるだけでは不充分で、「いつでもどこでも誰でも」使えるコンピュータが必要になります。装置や住居などを「誰でも」苦労なく使えるように設計する「ユニバーサルデザイン[*122]」という考え方が近年重要視されていますが、これはユビキタスコンピューティングの考え方と高い親和性があります。

現在のコンピュータを使うためには、沢山のハードルがあります。昔のコンピュータや電卓はスイッチやキーボードだけで操作するようになっていましたから、指一本でもなんとか使うことができました。しかし、近年のコンピュータではＧＵＩが主流になったため、マウスのようなポインティングデバイスを動かしたりクリックしたりする操作ができないと、まともに使えなくなってしまいました。

手を自由に動かすことができない場合、ダブルクリックができなかったり細かい画面を制御するための微妙なマウス操作が難しかったりするために、ＧＵＩが使いこなせないといった問題が発生しているのです。また、数字や文字のみを出力するような古いタイプのコンピュータは、画面表示のかわりに音声で出力を読み上げることによって、目の見えない人でも比較的簡単に使うことができましたが、ＧＵＩベースのシステムは音声読み上げが難しいため、目の見えない人には非常に使いにくいものとなっています。このように、インタフェースの進化のために、かえって問題が増えてしまうという傾向が多く見られるようになってきました。

現在、ほとんどのコンピュータは若者やビジネスマンを対象に作られており、キーボードやマウスを上手に操作できない人のことはあまり重視されていません。目が見えない人や手足が不自由な人のことは、さらに考慮されていないことが多いようです。一般的な入出力装置を使用できない場合、個別対応した特殊な機器を使用する必要がありますが、このような機器は値段が高かったり、入手が難しかったりするため、広く使われているとはいえません。情報機器が最初からユニバーサルデザインにもとづいて設計されていれば、このような問題は発生しなかったはずです。

ところが、近年ユビキタスコンピューティングが一般的になるにつれ、このような状況が改善されつつあるようです。モバイルコンピューティングや実世界指向インタフェースのような研究分野において、ユニバーサルデザインに貢献する技術が数多く提案されているからです。現状のウェアラブルコンピュータというものは、特殊な人が特殊な用途に使うものだと思われている気がしますが、ユビキタスコンピューティングの究極の姿はユニバーサルデザインと同じ方向を向いており、「いつでもどこでも誰でも」使える機器を目指しているといえるでしょう。

両手で打つキーボードを使って、固定された机の上の大きなコンピュータ画面を操作する場合と異なり、モバイルコンピューティングで使われる機器には制限がつきものです。持ち歩いて使うタブレットやスマホでは大きな画面は使えませんし、入力装置にも制約があります。歩きながら使ったり満員電車の中で使ったりする場合は、画面を見ることができないかもしれませんし、片手しか使えないかもしれません。

このように様々な制限のあるモバイルコンピューティング環境は、目や手足が不自由な人の状況と似ているので、モバイルコンピューティングのために工夫された入出力装置や手法は、そのままユニバーサルデザインとして通用するものが沢山あります。

小さな画面に効果的に情報を表示するための技術は、目の悪い人のための表示手法として使うことができますし、コンピュータを片手で操作するための技術は手足の不自由な人がコンピュータを使うための技術として使うことができます。同じ携帯コンピュータでも、歩きながら使いたいこともあれば机の上で使いたいこともあるでしょう。モバイル環境などいろいろな状況で使えるようにするためには、必然的にユニバーサルデザインが普及すると考えられます。

私は携帯電話やスマホのために、様々な予測型日本語入力システムを開発してきました（P187で解説）。これは、もともとペンを利用する携帯端末で高速に文章を作成できるようにするために考案したものだったのですが、ペンに限らずどのような入力装置でも効果的に使えるので携帯電話／スマホ／パソコンなどあらゆる機械で利用されています。また、この手法を応用して、アライド・ブレインズは手を動かすことが困難な人のための入力システム「Pete」[*123]を開発しました。Peteを使えば、手足が不自由でもウィンドウズ上で文章を作成することができます。

このように、モバイルコンピューティング用に開発された技術がユニバーサルデザインの基礎技術となる例は今後も増えてくるでしょう。

＊122　ユニバーサルデザインと似た意味の「バリアフリー」という言葉がこれまでも使われてきました。こちらは現在使われている機器に「バリア」があることが前提となっているように感じられるのに対し、ユニバーサルデザインという言葉は、最初からバリアの存在しない公平な機器を設計するべきである、という新しい考え方を表現しています。

＊123　http://www.ideafront.jp/PeteHP/

＊カラーユニバーサルデザイン

新しい技術のために、システムがユニバーサルでなくなることもあります。発光ダイオード（ＬＥＤ）が発明された当初は赤色しか存在しなかったため、点灯、消灯だけで情報提示が行なわれていました。その後緑色ＬＥＤや青色ＬＥＤが発明されたことにより、ＬＥＤであらゆる色を表現できるようになりました。これは喜ばしいことなのですが、色で様々な情報を表現しようとするシステムが出現したため、私のような色の区別が苦手な人間にとって使いにくいシステムが出現するようになってしまいました。

ＬＥＤの色（黄／橙／緑）によって装置の状態を示す機器がありますが、私はこれらを区別するのが苦手なので非常に困ることがあります。色の区別が苦手な人間は、電子回路の部品として使われる抵抗のカラーコード*124を読むこともできませんし、色に関するユニバーサルデザインは様々なシステムで問題になるので、ＮＰＯ法人カラーユニバーサルデザイン機構*125のような団体が啓蒙活動をしていますが、まだ認識は充分ではないようです。

いわゆる「障害」のために発生する不幸の多くは、人為的な要因によるものだと思われます。抵抗の値が読めなかったり、発光ダイオードの色による状態表示がわからなかったり、人為的な要因によって不幸な状況になることはありますが、秋の紅葉に気付かなくても特別不幸な状況になったりすることはありません。人為的に引き起こされる問題は、設計時の注意により解決可能です。

＊124　抵抗の値は何故か色で表現されています（黒：0　茶：1　赤：2　橙：3　黄：4　緑：5　青：6　紫：7　灰：8　白：9）。

＊125　http://www.cudo.jp/

＊実世界指向インタフェースとユニバーサルデザイン

実世界指向インタフェースの研究は、もともとはコンピュータ画面上での計算環境を普通の紙や机の上でも実現したいといった要求から始まったという面があります。特殊な装置を使うことなく、機械やコンピュータの存在を意識せずに直感的にこれらを操作するという考え方は多くの場面で有効です。

ドアの前に立つという単純な行動によって開く自動ドアは、非常に有効な実世界指向インタフェースだといえますし、Ｓｕｉｃａをはじめとする交通系ＩＣカードをタッチするだけで認証が行なわれる自動改札機も実世界指向インタフェースの一種です。直感的な操作にもとづく実世界指向インタフェースはコンピュータ操作の様々なハードルを取り除くのに大変効果的で、ユニバーサルデザインに有効です。

よくできた実世界指向インタフェースにもとづくプレゼンテーションシステムでは、表示したい情報を投影面に向けるだけで画面が表示されるでしょう。現状のパソコンとプロジェクタを使う場合は、パソコンを立ち上げて／プレゼンテーションプログラムを立ち上げて／表示したいスライドの入っているファイルを開き／スライドを探して／パソコンをプロジェクタに接続して／……といった多くの操作と労力が必要になってしまうのと対照的です。前者のようなシステムは誰でも簡単に使えると思われるのに対し、現在のコンピュータは利用のハードルがかなり高いといえます。

実世界指向インタフェースの普及により、無用なハードルはどんどん消滅していくはずです。電車に乗るとき、従来は自動改札機という機械を納得させるために、券売機で切符を購入するという高いハードルがありましたが、Ｓｕｉｃａのような機器の導入により、切符を買う手間が不要になってしまいました。Ｓｕｉｃａを持っている人ならば、駅名の文字を読めなくても／料金の数字を読めなくても／コインを持っていなくても／自由に電車に乗ることができるわけですから、切符に比べるとはるかにユニバーサルになっているといえます。

コンピュータやネットワークやセンサ技術の進歩によって、誰もが利用しやすいシステムができたことは素晴らしいことです。

＊ユニバーサルデザインのガイドライン

ユニバーサルデザインという考え方を提唱したノースカロライナ州立大学のロン・メイスらは、ユニバーサルデザインの7つの原則を次のように示しています。[＊126]

●どのような能力を持つ人に対しても有用であること
●人によって様々な使い方ができること
●経験、知識、言語、集中度によらず簡単に理解できること
●周囲の環境やユーザの感覚能力によらず必要な情報をユーザに伝えられること
●誤った操作をしても安全であること
●余分な力を必要としないこと
●ユーザの様々な姿勢や動作に対応できる大きさや場所があること

これらはあらゆる機器に関する原則ですが、情報機器のインタフェースに対してもそのままあてはまります。これらを常に頭に置いて、ユニバーサルなインタフェースのデザインを行なうことが重要でしょう。

ウェブの情報が非常に重要になってきている現代では、誰もがウェブページの内容を理解できるようにするための注意が必要です。例えば、画像が表示されているウェブページのHTML（ウェブページなどを作成するための言語）に画像情報だけしか書かれていなければ、目が見えない人は何のページかを知ることができません。しかし、内容をテキストとしても表現してあれば、読み上げシステムを使って内容を確認することができます。W3CのWeb Accessibility Initiative（WAI）[*127]では、ウェブページを誰もが読めるようにするためのガイドラインが提案されていますし、Center for Applied Special Technology（CAST）の配布しているBobby[*128]というツールを使えば、ウェブページのアクセシビリティを検証することができます。

ユニバーサルデザインにもとづいて機器やインタフェースを設計製造するのは一見面倒で余計な金がかかるものだと思われるかもしれませんが、ユニバーサルでない製品を作るよりも広く普及させることが可能になるわけですし、新しい市場の開拓にもつながります。もともとは字が書けない人のために開発されたものだといわれているタイプライタやカーボン紙は、現在はあらゆる人に利用されていますし、電動アシスト自転車は急速に普及が進んでいます。そもそもコンピュータは人間の能力を拡大するために使われるべきものです。高齢者でも／子どもでも／機械操作が苦手な人でも／手足に不自由があっても／誰もが自分の能力をコンピュータによって拡大できるようになっていってほしいものだと思います。

＊126 http://www.ncsu.edu/ncsu/design/cud/
＊127 http://www.w3.org/WAI/
＊128 http://www.cast.org/bobby/

2　常時ＯＮの時代

家庭で使う大抵の機器は利用するときだけ電源を入れるものであり、電源スイッチでＯＮ／ＯＦＦするようになっています。電源ＯＮ／ＯＦＦしないのは冷蔵庫ぐらいかもしれません。一方、最近のネットワークのルータやＷｉＦｉアクセスポイントは電源ＯＮのままにしてあるのが普通でしょうし、パソコンやハードディスクの電源を切らずに使っている人も多いと思われます。テレビやクーラーなども、実は常に電源ＯＮになっていて、いつでもリモコン信号を受信できるようになっています。このように常に電源ＯＮになっている機器はかなり増えていると思われます。

腕時計や壁時計は常に動いているものであり、電源ＯＮ／ＯＦＦすることはありませんが、こういう機器はそもそも電源を切るという発想がありません。電源を意識する必要がなく、常に電源がＯＮになっているようなコンピュータを使うウェアラブルコンピュータが将来普及すると考えている人は多く、グーグルグラス[*129]も常時ＯＮで使うことを前提としているので、電源操作をしなくても「OK, Glass」と言えば認識してもらえるわけです。

一方、大抵の電灯は常時ＯＮになっておらず、壁のスイッチを使って使うときだけＯＮにするのが普通です。従来の電灯は、「電源をＯＮにすること」と「明るさを制御すること」が同義であり、これを壁のスイッチで制御していました。しかし、ネットから制御可能なフィリップスのhue[*130]のような電灯が広く使われるようになると、明るさの制御と電源ＯＮ／ＯＦＦは別物だと認識されるようになり、電源自体は常にＯＮでいいと考えられるようになるはずです。

hue のような高度な電灯でなくても、同様の状況は起こります。私の家では暗くなると自動点灯する屋外灯を導入したのですが、センサを動かすためには常に電源が供給されている必要があるため、家の中の電灯スイッチを「常時ON」に設定しておかなければならなくなってしまいました。誤ってスイッチをOFFにしないため、屋内のスイッチにテープを貼って固定するという見苦しい状況になっています。

壁のスイッチで電源ON／OFFすることによって、電灯の明るさを制御するという仕組みが完全に時代遅れになっているので、

1　電源は常時ONになっている

2　様々な方法で制御を行なう

というのが常識になってくるでしょう。「部屋の入り口のスイッチ」は家庭からもオフィスからも消滅し、様々な柔軟な方法で電灯その他の電気製品を制御するのが普通になるでしょう。ユビキタス時代にはあらゆる機器から電源スイッチがなくなるかもしれません。テープで固定された不格好なスイッチなどを見なくてすむようになってほしいものです。

＊129　http://www.google.com/glass/start/

＊130 http://www.meethue.com/ja-US

3　ユニバーサルなテキスト入力

＊連文節変換システムの憂鬱

パソコンで日本語入力を行なうときは、連文節変換方式にもとづく仮名漢字変換システムを使うのが一般的になっています。仮名漢字変換システムは、東芝が１９７８年にはじめてワープロを開発した[＊131]ときに導入されたもので、それ以降多くのシステムの研究開発が続けられており、最近でも「グーグル日本語入力」のように、新しいアルゴリズムを使った連文節仮名漢字変換システムの開発が続いています。グーグル日本語入力システムでは、大規模な文例データ（コーパス）にもとづいた自然言語処理技術や高度な圧縮技術を駆使して、効率のいい入力が可能になっています。

パソコンの創世記から様々な種類の日本語入力システムが提案されてきた結果、現在のパソコンでは連文節変換システムが主流になっているわけですが、パソコン以外のユビキタスコンピューティング環境でテキスト入力を行なう機会が増えている現在、連文節変換システムは日本語入力に最適な手法とはいえません。

まず、連文節変換システムでは入力したいテキストの読みをすべて入力する必要があるのが問題です。「品川駅」とローマ字で入力する場合は、「shinagawaeki」と入力しなければなりません。「shinag」まで入力した時点で、考えられる入力単語は「品川」「品切れ」ぐらいのものですから、「awaeki」を入力するのはほとんど無駄な操作です。

また、入力ミスがまったく許されないのも問題です。ほとんどの連文節変換システムでは、キー入力に少しでも誤りがあると正しく変換することができません。「正しく変換することができません」と入力するためには、「tadashikuhenkansurukotogadekimasen」と間違えずに入力する必要がありますが、キーボード操作に習熟していないとこのような長い文字列を間違えずに入力することはできませんし、キーボードが使えない環境でこのような文字列を入力するのはかなりの苦痛です。

また、正しく読みを入力すれば常に正しい文字列に変換してくれるかといえば、そうとは限りません。「かいとうする」という入力文字列は「回答する」「解答する」「解凍する」のどれに変換すべきかわかりませんし、「きょうはいしゃにいった」という入力文字列は「今日は医者に行った」「今日歯医者に行った」のどちらの意味なのかもわかりません。このように、入力誤りの訂正操作や変換結果の修正操作が必要になるので、変換アルゴリズムをいくら改良しても変換精度には限界があります。

また、連文節変換方式は、ユビキタスコンピューティング環境でユニバーサルに利用できないという大きな問題があります。両手でキーボードを操作することができない環境では効率的に文字を入力できないので、長い文字列を入力するのは苦痛ですし、正確に文字入力するのは大変です。連文節変換方式はパソコン上ではそれなりに便利ですが、ユビキタス時代に適したユニバーサルな日本語入力手法とはいえません。

将来のユビキタス環境では、必要なキーや操作の数を最小化して目的の文字列を入力する手法が必要になるはずです。また、様々な形態の機器を利用することが多くなるので、単純で共通に使える辞書や変換方式を利用することが望ましいと考えられます。

＊131　天野真家氏（現・湘南工科大学）らにより開発されました。

＊ユビキタスでユニバーサルな日本語入力

モバイル環境で誰もが簡単にテキスト入力を行なえるようにするため、私は1996年ごろから携帯電話などで使える予測入力システム「ＰＯＢｏｘ」[*132]を開発しました。現在はこれに類するシステムが、ほとんどの携帯電話で利用できるようになっています。[*133]また、同様の考え方にもとづく入力手法は現在ほとんどのスマホでも利用されており、予測入力は携帯電話やスマホでの標準的な入力手法になっています。

予測入力システムとは、ユーザの操作をシステムが解析することによってユーザが次に入力しようとする単語を予測し、選択候補として提示するシステムです。例えばユーザが「お」という文字を入力したとき、ユーザは「思う」「おはよう」のような文字列を入力しようとしているのだと判断し、上図のような候補単語を表示して選択可能にします。ペン操作のような、キー入力以外の操作を予測に利用することもできます。

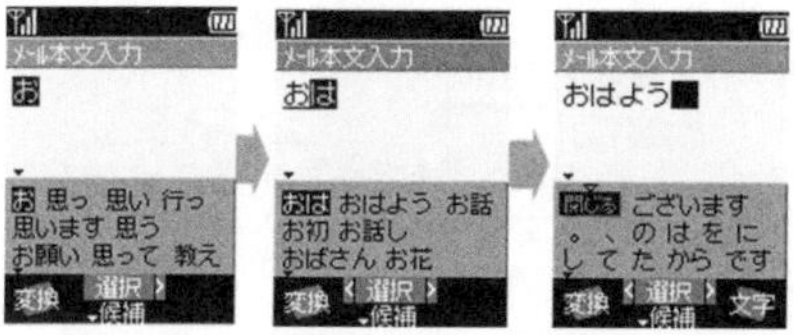

2000年にauから発売されたC406SのPOBox

予測入力システムによって人間のテキスト入力操作の手間を減らすことができるので、携帯電話やスマホだけでなくユニバーサルに利用することができます。私は現在、同様の考え方にもとづいた入力手法をＭａｃ、アンドロイド、ブラウザなど様々な場所で利用しています。アルゴリズムが単純なので、様々な機器に簡単に組み込めますし、辞書をウェブ上で編集して共通に利用することができます。

＊132 http://ja.wikipedia.org/wiki/POBox

＊133 予測入力システムは「予測インタフェースシステム」（P228）の一種です。

＊Gyaim

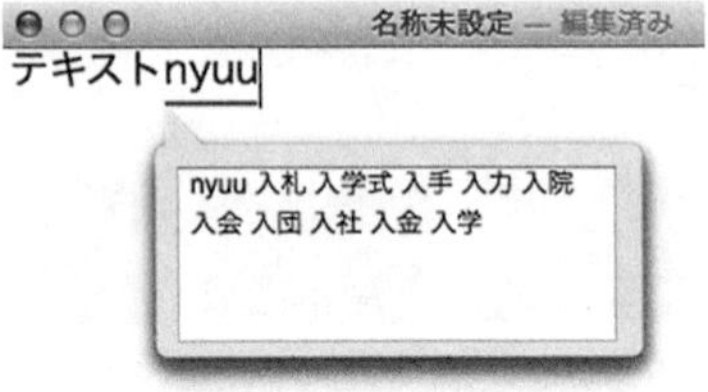

Gyaim

私はＭａｃ用にGyaim[＊134]というシンプルな予測型日本語入力システムを作成して公開しています。Ｍａｃでは、標準装備の「ことえり」や市販の「ＡＴＯＫ」のような連文節変換システムが広く使われていますが、Gyaimは連文節変換を行なわず、文字を1文字入力するたびに変換候補を辞書から検索してリストするという方法をとっており、必要な単語が出たところで入力をやめて候補を選ぶことができるようになっています。ですから、例えば「shinag」と入力した段階で「品川」が候補にあがり、それを選んで入力することができます。

Gyaim は MacRuby というプログラミング言語を使って作成してあります。MacRuby

は汎用スクリプト言語Ruby[*135]をＭａｃ用に拡張したシステムで、Rubyのすべての機能を利用できることに加え、すべてのＭａｃのライブラリを利用することができます。Ｍａｃのアプリケーション開発はObjective-Cを利用するのが普通ですが、Rubyは文字列処理を簡単に行なうことができるので、Gyaimはわずか数百行で作られています。

＊134　https://github.com/masui/Gyaim

＊135　Rubyはまつもとゆきひろ氏が開発したプログラミング言語で、現在世界中で様々な用途に広く利用されています。

＊Slime

私はアンドロイド用にSlimeという日本語入力システムを作成して公開しています。ソフトウェアはグーグルプレイ[*136]からダウンロードでき、ソースコードはギットハブ[*137]で公開しています。日本語の読みは五十音で奇麗に表現できるのに、携帯電話やスマホの日本語キーボードはキー配置が3×3になっていたり上下左右の4方向で5種類の母音を表現したりするのが不自然だと感じられるので、Slimeではできるだけ「5」を基本にしたキー配列を利用

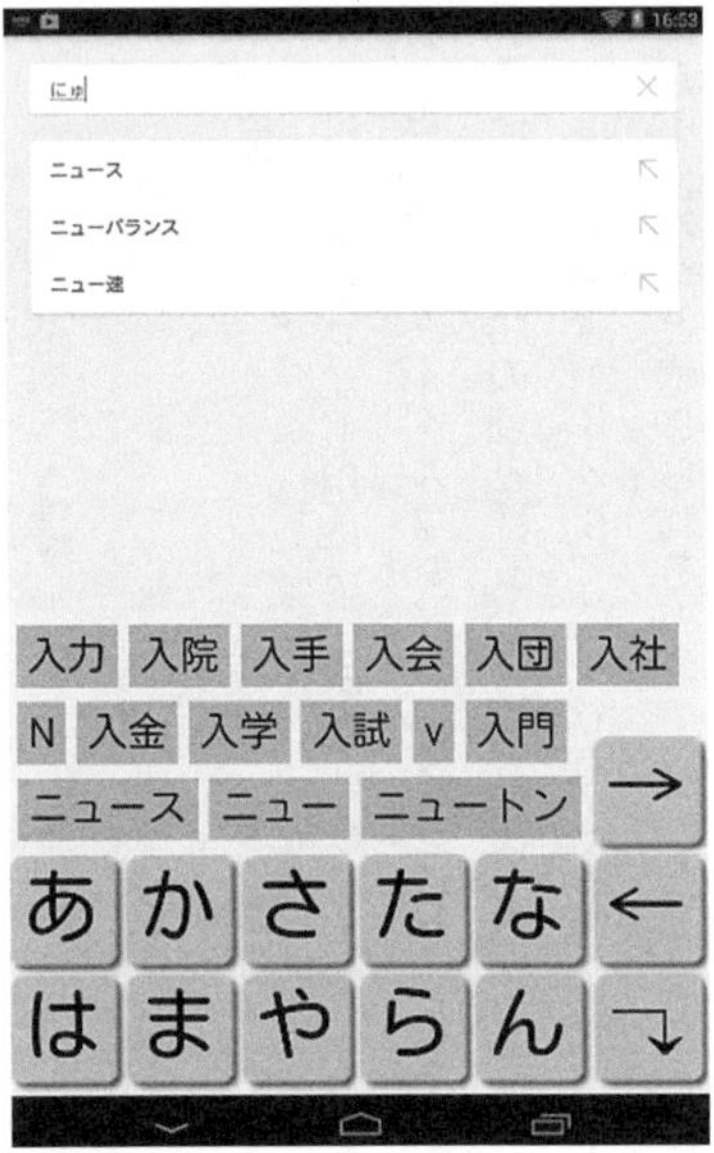

Slime

しています。[138]

Slime では五十音表の「行」を表現する10個のキーが常に表示されています。「か」にタッチしてから指をスライドして「か」「き」「く」のようなメニューを表示することによって、「か」や「こ」のような文字を選んで入力することができますが、メニューが表示される前に指を離すと、その行の文字のいずれか（「か」〜「こ」、「が」〜「ご」のいずれか）を指定したのと同じことになります。このため、「た」「あ」「か」を連続して高速にタッチすると、「た行の文字」「あ行の文字」「か行の文字」のような読みをもつ「東京」「動画」のような単語が候補として表示されます。

普通の入力システムで「とうきょう」とか「じょうきょう」のような読みを入力するときは濁点や拗音《ようおん》などの指定が面倒ですが、Slime では子音キーを素早くタップするだけでこのような単語を入力できます。Slime は Java というプログラミング言語で作成されており、見かけは Gyaim とまったく異なりますが、辞書も変換アルゴリズムも Gyaim と同じものを利用しています。

自分のパソコンに特殊な単語を登録してもスマホで利用することはできませんし、公共のデジタルサイネージで使うこともできません。しかし、クラウド上に保存された変換辞書を利用できるようになっていれば、単語登録は一度だけですみます。様々な機器で共通に使える入力システムを利用できれば、無駄な手間は省けるでしょう。どこでも簡単に個人認証[*139]を行なうことができれば、自分用にカスタマイズした辞書や入力手法をどこでも使えるようになるはずです。

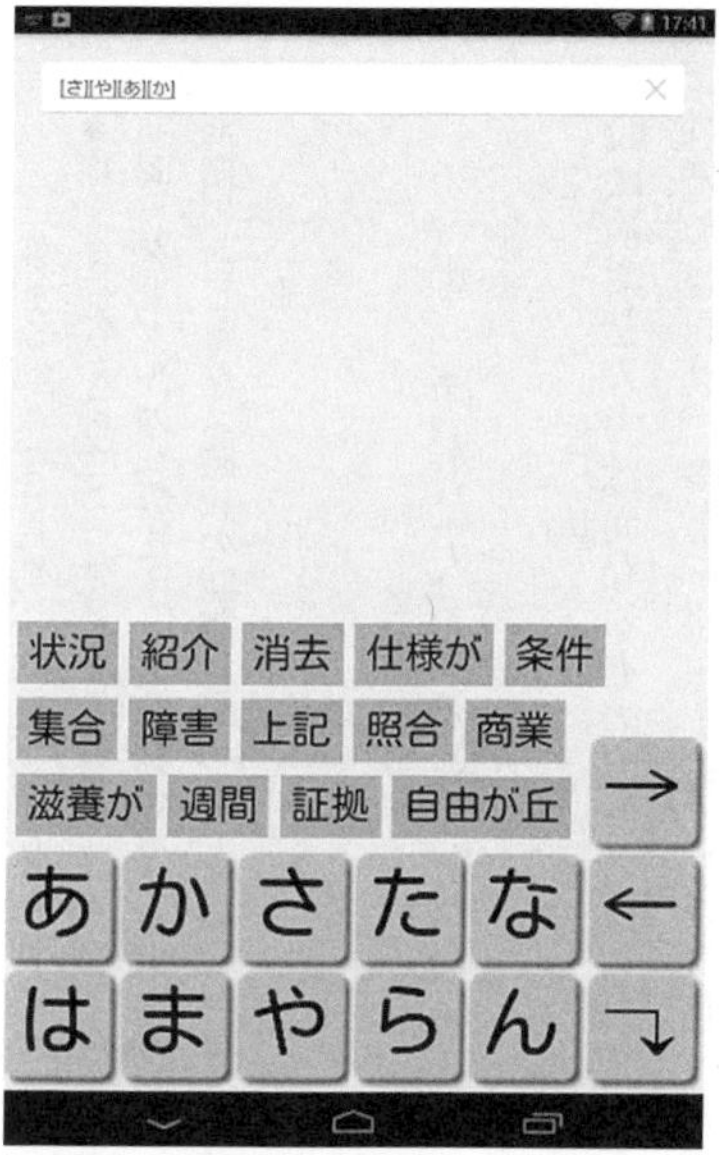

「さ」「や」「あ」「か」をタップして「状況」を入力

＊136　https://play.google.com/

store/apps/details?id=com.pitecan.slime

＊137 https://github.com/masui/Slime

＊138 グーグルの「Godan」も同様の考えにもとづいています。

＊139 ユビキタス時代の認証技術については「ユビキタス時代の認証技術」（P264）で詳しく紹介しています。

4　検索と入力と登録の統合

一般に検索と入力は異なるものだと考えられています。検索というとグーグル検索やパソコンのデスクトップ検索を連想するでしょうし、入力というとキーボードや日本語入力システムを連想することが多いでしょう。しかし、検索と入力は実は深く関連しています。

前節で紹介したGyaim[＊140]というＭａｃ用の日本語入力システムで「研鑽」という単語を入力しようとして「k」「e」「n」……と順番にタイプすると、「k」で始まる単語、「ke」で始まる単語が順番に候補として表示されます。

Gyaimは入力システムですが、動作は単純であり、ユーザが入力した文字列にマッチする単語を辞書から検索して候補として表示して選択可能にしているだけです。つまり、比較的単純な検索システムを入力システムとして利用しているわけですから、検索システムと入力システムは関連が深いということができます。

左の図では「研鑽」という単語が辞書に登録されていないため、候補として表示されていません。このようにGyaimで入力したい単語が候補に出てこなかった場合、「.」（ピリオド）キーを押すとネット上のグーグルＩＭＥ ＡＰＩ[*141]を呼び出した結果を候補に加えるようになっています。「kensan」と入力した後で「.」を押すと次ページ中央の図のように「研鑽」

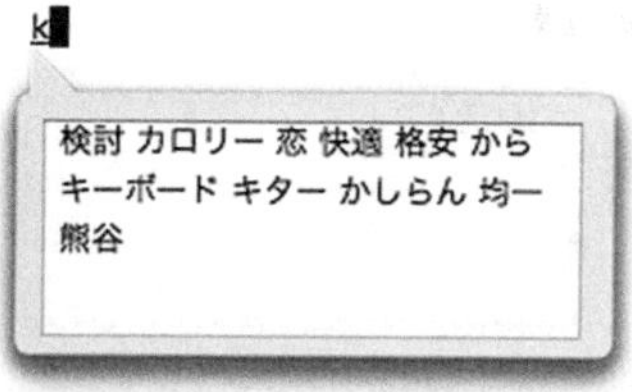

「K」を入力

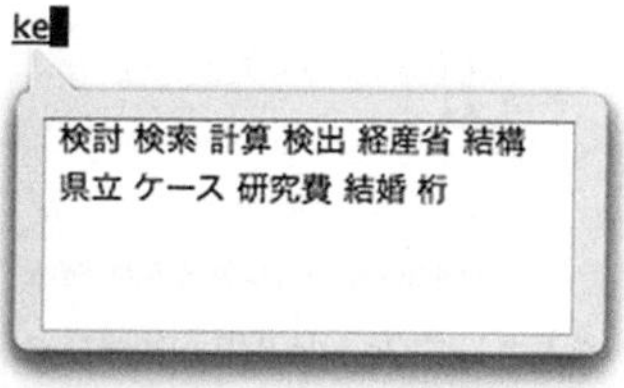

「Ken」を入力

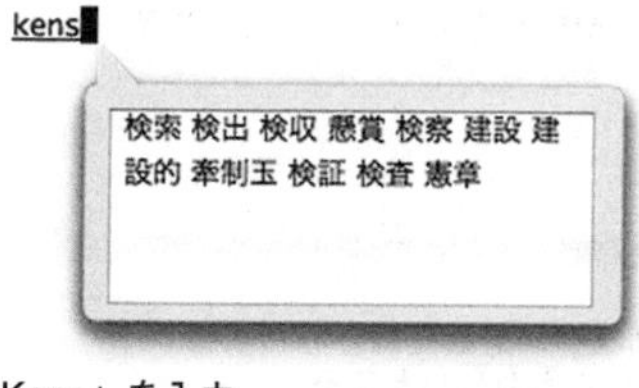

「Kens」を入力

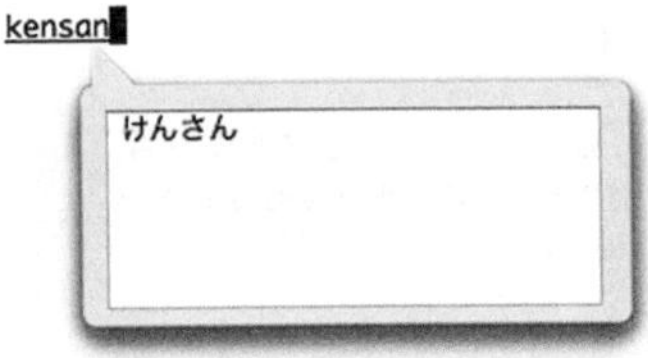

「Kensa」で「研鑽」が候補に出ない

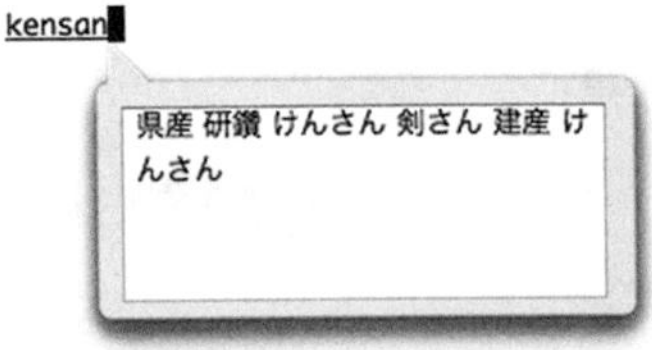

「.」を入力して Google IME API 呼び出し

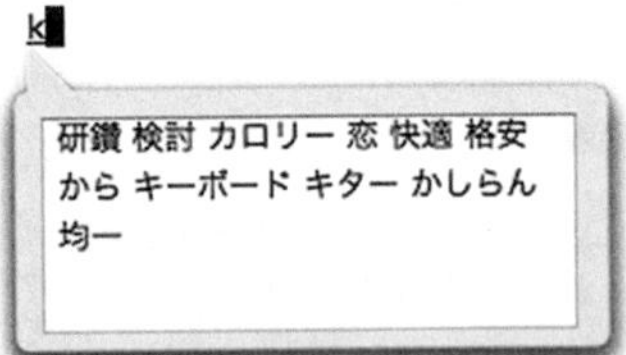

「研鑽」が辞書登録された後で
「k」を入力したところ

が候補として表示されるので、ここで「研鑽」を選択して確定すると「研鑽」という単語が「kensan」という読みで辞書に登録され、以降は「k」などと入力するだけで「研鑽」が候補に出てくるようになります。

つまり、見えないところで検索を行ないながら入力作業をしているだけで、単語が自動的に辞書に登録されて検索／入力可能になっていることになります。このような工夫をすれば、検索／入力／登録を統合した使いやすいインタフェースを作ることができるのですが、入力作業と登録作業は完全に別物になっているのが普通であり、統合されているシステムはほとんどありません。

　左の図はEmacsエディタ上で動く「POBox for Emacs」のmigemo機能[*142]を使って「研鑽」をローマ字インクリメンタル検索しているところです。「研鑽」は「kensan」という読みで登録されており、「検索」は「kensaku」という読みで登録されているので、検索文字列として「k」「e」「n」を入力していくと同時に「検索」「研鑽」などの単語が順番にマッチしてハイライトされます。「xxx」という読みで登録された単語は必ず「xxx」という入力で検索可能になっているわけで、検索／入力／登録が完全に統合されていることになります。

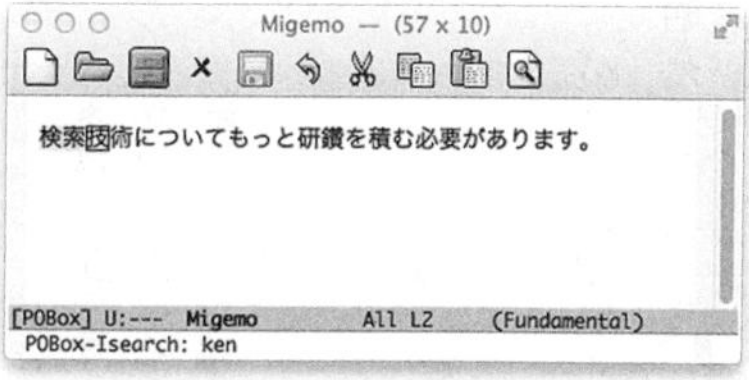

「ken」で検索して「検索」がマッチしたところ

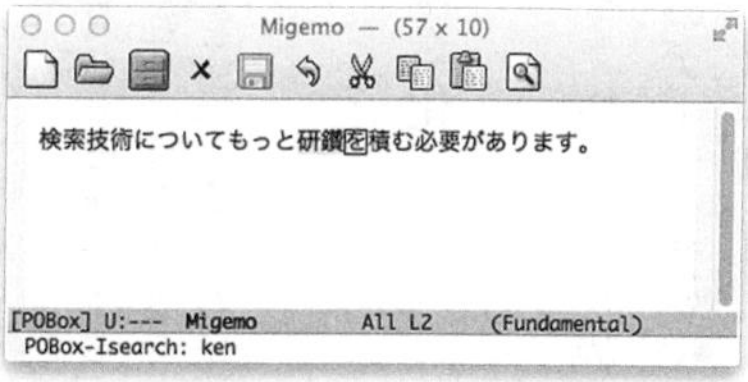

「ken」で「研鑽」がマッチしたところ

　このように地道に検索／入力／登録を統合していくことにより、様々なシステムをより使いやすくすることが可能になるでしょう。

＊140　http://www.nicovideo.jp/watch/sm14064441
＊141　http://www.google.co.jp/ime/cgiapi.html
＊142　ローマ字で漢字を検索する機能。http://0xcc.net/migemo/

5　情報視覚化

パソコンやウェブ上で、様々な大規模データを効率よく検索したり閲覧したくなる機会が増えてきました。大量のデータの性質や構造を理解したい場合、情報をわかりやすくユーザに提示し、必要な部分を効率的に調べる方法が重要です。大量の情報をうまく画面上に表示することによって理解を助けるテクニックを「情報視覚化」(Information Visualization)と呼びます。最近のパソコンやブラウザは大量のデータを扱えますし、ブラウザ上でJavaScriptというプログラミング言語を使って対話的に高速に様々な図形を描画することが可能になったので、情報視覚化システムは近年とても身近になってきました。

大量の情報を扱う場合、すべての情報を画面に表示することはできませんから、何らかの方法で必要な部分だけを表示する工夫が必要です。情報の一部だけしか画面に表示できない場合、スクロールバーやメニューのようなGUI部品を使って表示部分を切り換える方法がよく利用されています。

１０００行のテキストを閲覧する場合や、１０００個の項目の中からひとつを選択するといった程度のことであればスクロールバーやメニューで充分ですが、１００万個の選択肢からひとつを選ぶような場合、スクロールバーでの作業はかなり困難なので、何らかの検索手法や別の操作手法が必要になります。小さな画面上で必要な部分だけを効率的に調べるためには、余分な部分を表示しないようにするためのフィルタリング操作と、重要な部分を強調して表示するズーミング操作の組み合わせが有効です。このとき、必要な部分（フォーカスされた部分）を強調して表示するようなフィルタリング操作を行なった場合でも、全体のコンテクストを理解できるような手法が有用だと考えられています。このような手法を「Focus + Context」と呼びます。

＊情報視覚化の歴史

情報視覚化の研究は、１９９０年ごろからゼロックス社のＰＡＲＣやメリーランド大学な

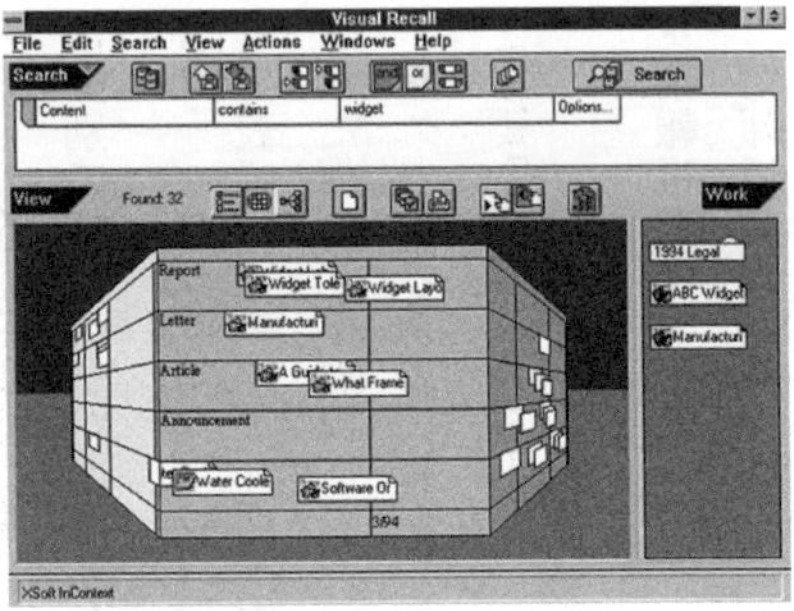

Perspective Wall

どで盛んになりました。ＰＡＲＣでは、様々な大量の情報を３次元空間にマッピングすることによって、情報をひとつの２次元画面上に表示する手法などが研究されていました。３次元空間のデータを眺める場合、遠くにあるものは小さく見えますから、データをうまく配置すれば自然に沢山の情報を表示することができます。

例えば古い情報は３次元空間内の遠くの方に配置し、新しい情報は近くに配置すれば、ＣＧで利用される３次元表示手法を使って、近くの新しい情報を大きく／遠くの古い情報を小さく表示することが可能になります。ＰＡＲＣで開発されたPerspective Wallシステムでは、沢山のファイルを３次元空間上の「壁」に貼り付けることによって、注目している範囲の情報だけが大きく見えるようになっています。

１９９０年ごろは高速３次元表示が可能なコンピュータは高価だったので、このような研究を行なえる場所は限られていました。また、当時は視覚化が必要なほど大規模な情報も多くありませんでしたから、そのころ提案された情報視覚化手法はほとんど実用的に利用されることはありませんでした。

一方、最近はどんなパソコンでも高速にグラフィクス表示を行なうことができますし、ウェブ上の大規模なデータが簡単に入手できるようになってきました。パソコンの中にはかなりの量のファイルが入っているのが普通ですし、ウェブ上には巨大なデータがあるので、情報視覚化の重要性は今後ますます高まっていくと考えられます。

＊データの種類と視覚化手法

世の中の大規模データの多くは以下のようなカテゴリに分類できます。

階層型データ　住所の表記や生物の分類のように、大規模なデータを段階的に細分化して扱うデータを階層型データと呼びます。パソコンのファイルシステムも、フォルダの中にさらにフォルダを置くことを繰り返すことによって大量のファイルを扱える大規模な階層型データになっています。

大きなリストはなんらかの方法で分類を繰り返すことによって階層型データに変換することができます。たとえば電話帳データの場合、電話番号の１番目の数字／２番目の数字／

……で分類すれば階層型データのように扱うことができます。

「階層型ファイルシステムの憂鬱」（P236）で説明するように、階層型データは普通の人間にとって決して使いやすいものではないのですが、現在最も広く利用されている点は重要です。

ネットワーク型データ　ウェブページのリンク関係やSNSの友達関係のような巨大なデータは階層的に管理することが難しく、データ項目間のリンク関係が重要になっています。このような構造のデータをネットワーク型データと呼びます。リンクがループを構成していない（リンクをたどっても自分に戻ることがない）ネットワーク型データは階層型データのように扱うことが可能です。

表データ　エクセルで扱うデータのように、表のような型式で表現できるデータを表データと呼びます。名簿や書籍データベースのように同じ構造のデータが大量に並んだものは表データとして表現できます。それぞれの型式の大規模データに対して様々な情報視覚化手法が考案されてきています。

＊階層構造の視覚化

階層型データのひとつであるパソコンのファイルシステムは様々な形で視覚化が行なわれています。フォルダをたどるごとにウィンドウを開くというのが標準的ですが、ウィンドウズでは「TreeView」という視覚化手法もよく利用されています。

TreeMap　次ページの上の図はＭａｃで動作するDisk Inventory X[*143]というソフトで私のホームディレクトリの中のファイルの大きさを視覚化したものです。このソフトでは、ファイルサイズに対応した大きさの矩形が描かれるようになっており、大きなファイルは大きな矩形で表現され、ファイルをまとめたフォルダも矩形として階層的に表現されています。

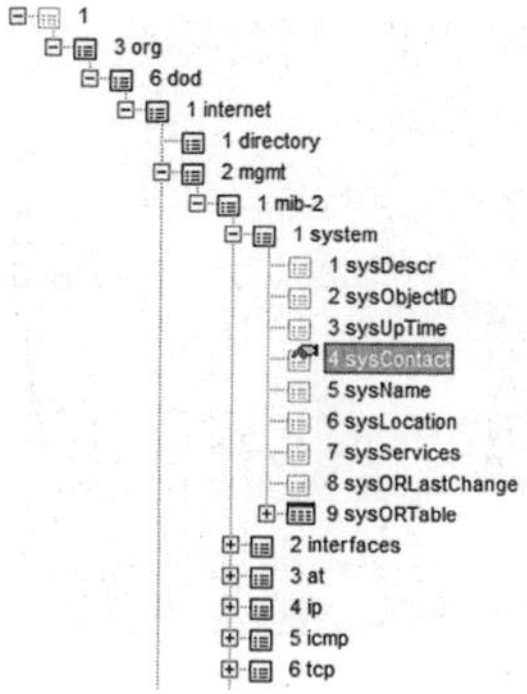

ウィンドウズの TreeView

また、次ページの下の図はウィンドウズで動作するSequoiaView[*144]というソフトを使ってファイルの大きさを視覚化した例です。後発のDisk Inventory Xはおそらく SequoiaViewに触発されたと思われるので外見がよく似ています。

階層的に配置した矩形の集合でファイルサイズを表現するという方法は、メリーランド大学のＨＣＩＬ（ヒューマン・コンピュータ・インタラクション研究所

Disk Inventory X

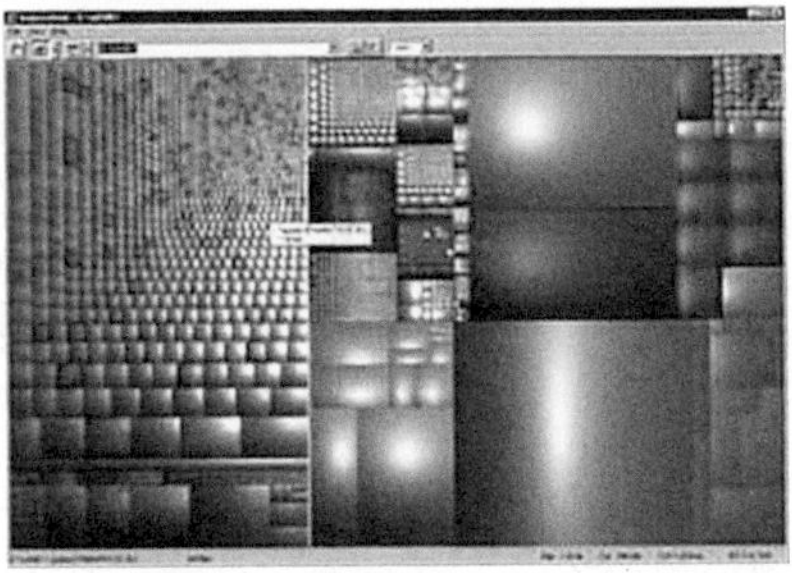

SequoiaView

Human-Computer Interaction Lab）で開発された TreeMap というシステムがオリジナルです。ディスクの中にどんな大きさのファイルがどれほどあるのかはわかりにくいものですが、TreeMap のような方法を使うと大きなファイルの分布を直感的に把握することができます。[145]

Sunburst　次ページの上の図は同心円を使ってファイルの階層と容量を表現する Scanner[146] というシステムで、下の図は OverDisk[147] というシステムです。これはジョージア工科大学のジョン・スタスコの考案した Sunburst[148] という視覚化手法を組み込んだもので、Treemap と同じように階層型データのサイズ情報をわかりやすく表示できます。

HyperbolicTree　次ページの図は大規模な階層構造を円板上に配置するHyperbolicTree[*149]という情報視覚化手法の例です。HyperbolicTreeも90年代にPARCで開発されたもので、現在注目しているノード（接合点）を画面の中央に置き、その親ノードと子ノードをその周囲に配置することを繰り返すことによってすべてのノードを円板内に表示するというものです。

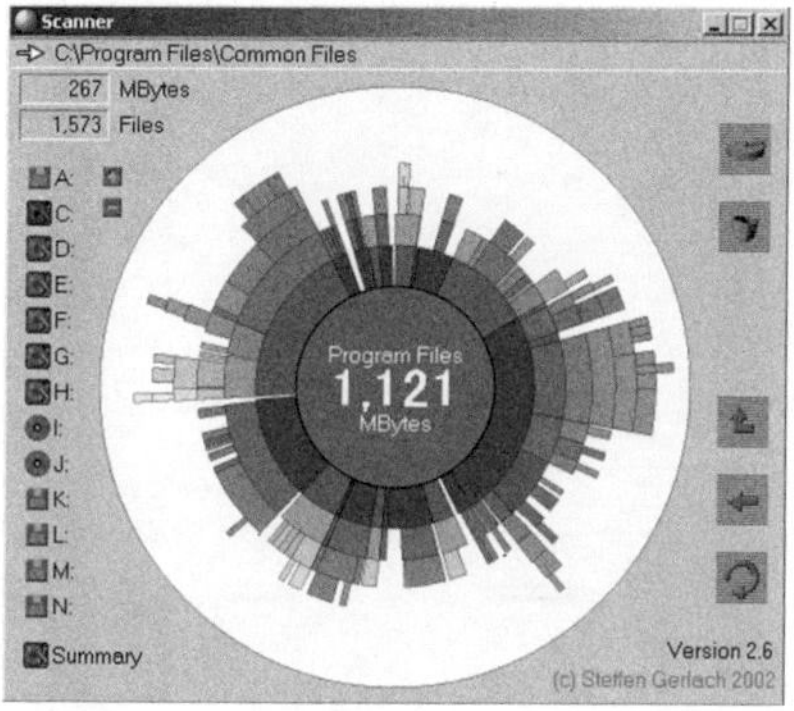

Scanner

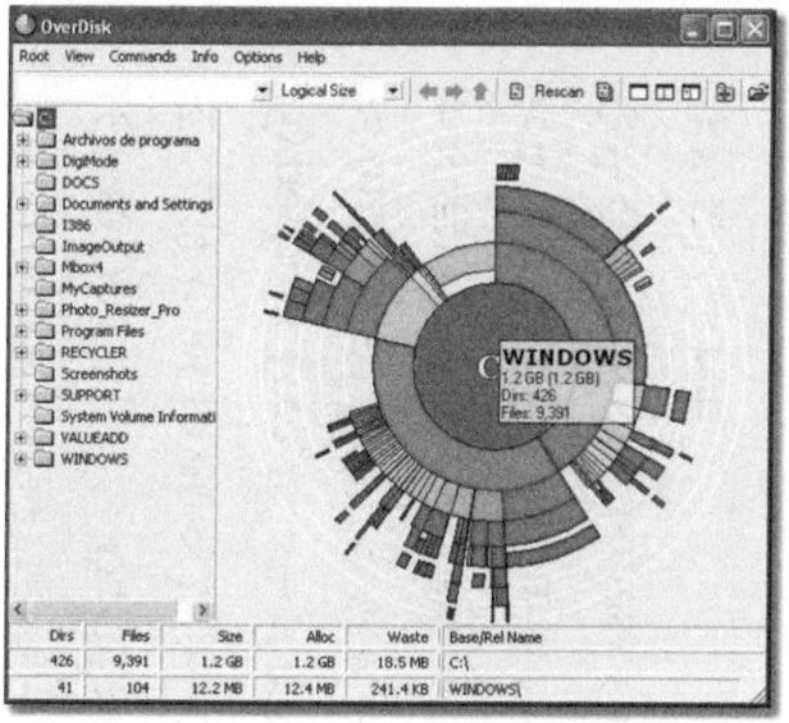

OverDisk

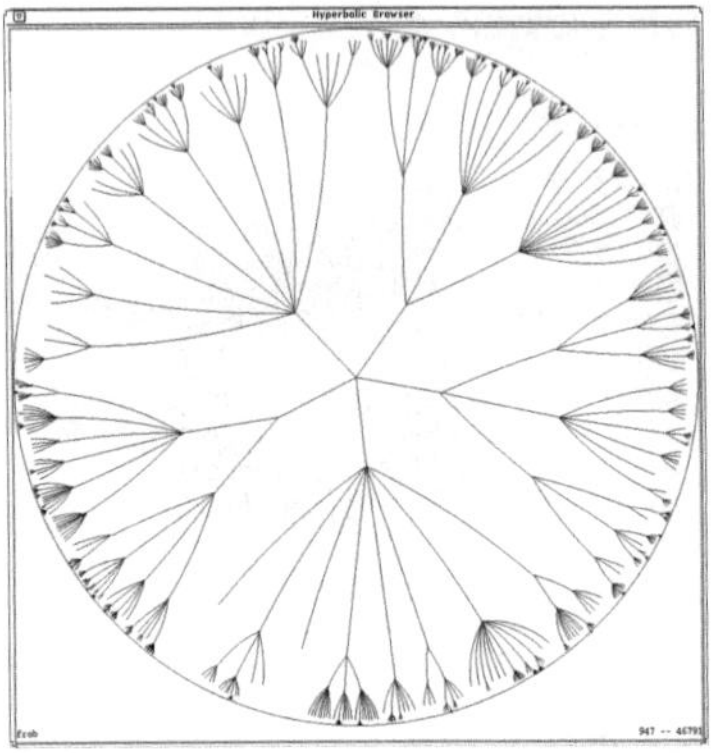
HyperbolicTree

中心から遠くなるほどノードやリンクを小さく表示することにより、どれほど大きなデータでも画面内におさまるようにすることができます。HyperbolicTreeは、ＰＡＲＣから独立して創業したInxightというベンチャー企業でStarTreeという名前で販売されていましたが、２０１４年現在ＳＡＰ（Systemanalyse und Programmentwicklung）の子会社であるBusiness Objectsという会社で販売されています。

＊143 http://www.derlien.com/

＊144 http://w3.win.tue.nl/nl/onderzoek/onderzoek_informatica/visualization/sequoiaview/

＊145 ＨＣＩＬのベン・シュナイダーマンの「TreeMapの歴史」というページには20以上にわたるTreeMapの歴史が解説されていますが、情報視覚化の研究が始まって20年たってようやく本格的な応用が見えてきたようです。

＊146 http://www.steffengerlach.de/freeware/

＊147　http://overdisk.en.softonic.com/
＊148　http://www.cc.gatech.edu/gvu/ii/sunburst/
＊149　John Lamping, Ramana Rao and Peter Pirolli. A Focus+Context Technique Based on Hyperbolic Geometry for Visualizing Large Hierarchies. in Proceedings of the ACM Conference on Human Factors in Computing Systems (CHI'95), pp.401-408, 1995. http://dx.doi.org/10.1145/223904.223956

＊ネットワーク型データの視覚化

　大きなデータの項目間のリンク関係をうまく視覚化できれば、データの性質やデータ間の関係がより明らかになる可能性があります。例えばＳＮＳの友達関係を視覚化することができれば、人気のある人物が判明したり、思わぬ人間関係が明らかになったりするかもしれません。次ページの図は、杉本浩二氏が開発した、ミクシィ[＊150]のユーザの友達（「マイミク」）関係を視覚化するmixiGraph[＊151]というシステムの出力の例です。友達が沢山いるのは誰か、幅広く友達がいるのは誰か、といった情報が一目瞭然になっていることがわかります。

　mixiGraphでは、沢山友達がいる人物は離れて表示され、人物が重なって表示されないように配置が工夫されています。リンクが多いネットワーク型データを視覚化する場合、ど

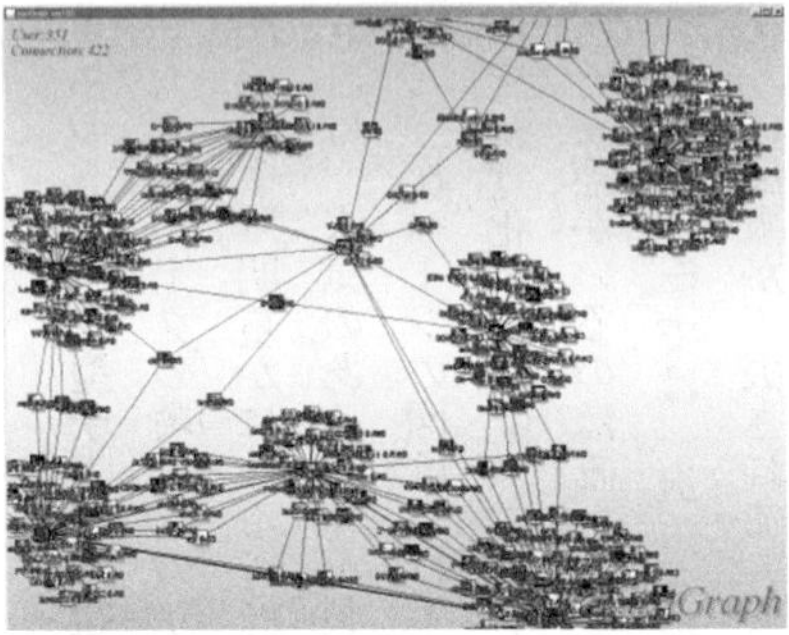

mixiGraph

うしても情報ノードやリンクが重なってしまうことが避けられませんが、視覚化のアルゴリズムを工夫することによって見栄えをよくする研究が長年行なわれています。[*152]

次ページの図は東京大学の豊田正史氏による、ウェブページのリンク関係の視覚化の例です。[*153] ところどころに綺麗にかたまった球のようなクラスタが見えますが、実はこれは「リンクスパム」と呼ばれる好ましくないサイトの集合体です。ウェブページ間が普通にリンクされている場合は、このようにリンクが集中することはありません。ところが、検索エンジン上のランキングを上げるために、似たようなサイトを沢山作って相互にリンクすることによって、エンジンから検索されやすくしようという迷惑サイトがリンクスパムです。ネットワークデータの視覚化システムを利用すると、このような迷惑行為がすぐに判明してしまいます。

＊150 http://mixi.jp/

*151 http://sg.fmp.jp/mixiGraph/

*152 http://en.wikipedia.org/wiki/International_Symposium_on_Graph_Drawing

*153 http://www.mtoyoda.com/tdiary/?date=20080305

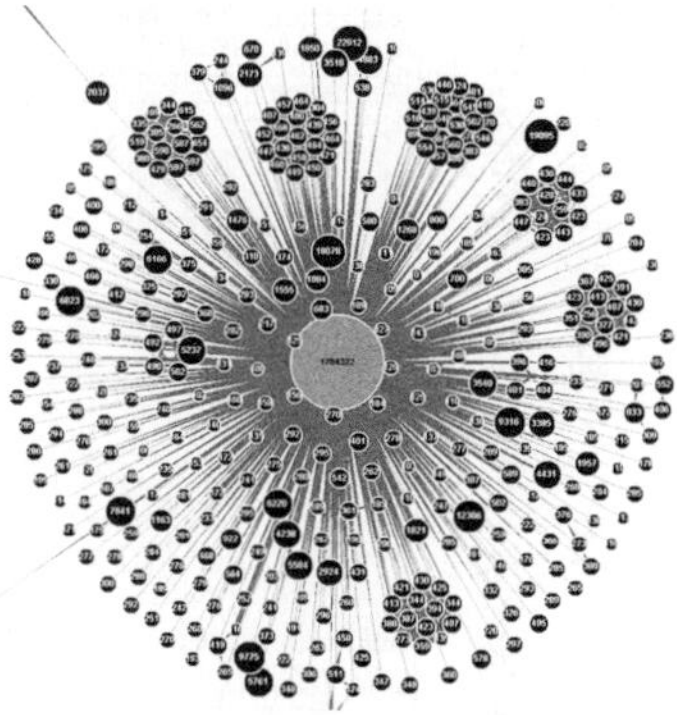

リンクスパムの視覚化

*表データの視覚化

次ページの図は、普通のエクセルでは扱いきれないほど大きな表データでも、パソコンでの操作を可能にするTable Lensというシステムです。[*154] エクセルではあらゆるデータは数値や文字列で表現されますが、Table Lensでは数値を1ドット幅の矩形の長さで表現するといった処理が可能なので、沢山の行がある表データでも小さな画面上に表現することができます。

*154 R. Rao and S.K. Card. The Table Lens: Merging graphical and symbolic representations in an interactive focus+context visualization for tabular information. In Proc. Of the ACM SIGCHI Conference on Human Factors in Computing Systems, pages 318-322, Boston, MA,

USA, April 1994.

＊データ型式の変換

次ページの図は、アメリカの上院議員の投票行動を視覚化したもので[*155]、右のノード（実際は赤色）は共和党の議員、左のノード（実際は青色）は民主党の議員を表現しています。もともとのデータは、誰がどの法案にどう投票したかという表型式のデータですが、議員Aが議員Bと似た行動をとったとき、AからBへのリンクが存在すると考えると、議員をノードとするネットワーク型データに変換して扱うことが可能になり、ネットワーク型データの視覚化手法が利用できるようになるというわけです。民主党議員は全員同じような投票行動をしている一方、共和党議員は一匹狼的な行動をとるマケイン議員（中央上）がいるなど、行動に幅があることがわかります。

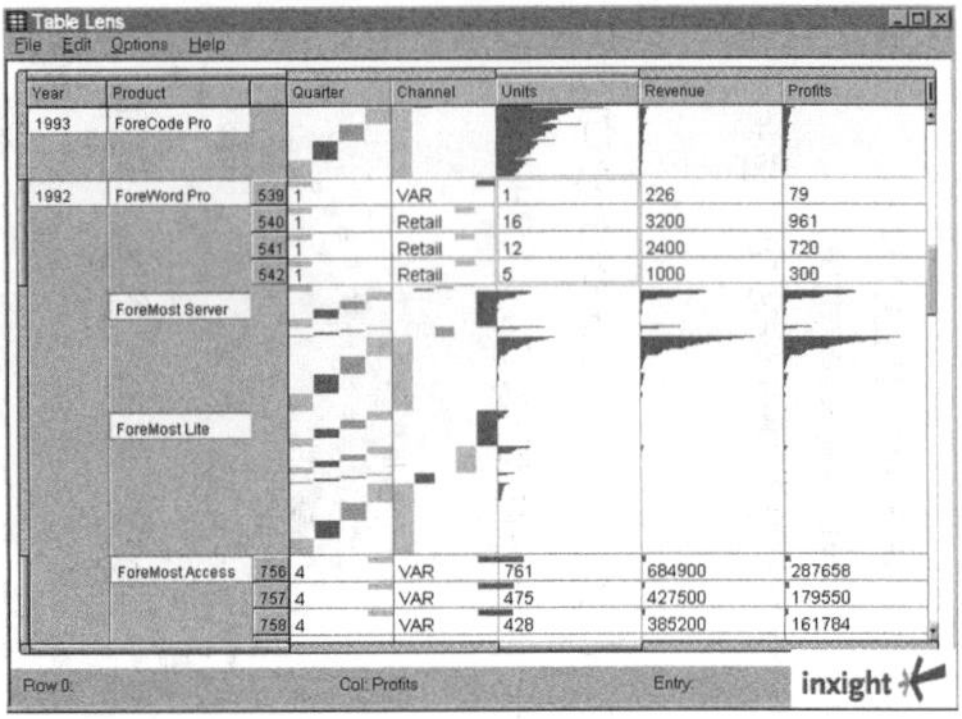

Table Lens

このようなデータ変換を行なう場合、様々な計算やパラメータ調整が必要になります。例えば、投票行動の類似度を計算する式が必要ですし、どの程度似た投票行動があった場合にリンクが存在するとみなすかを考えなければなりません。これらをうまく調整し、かつ適当な視覚化手法を適用した結果、はじめて効果的な視覚化が可能になります。

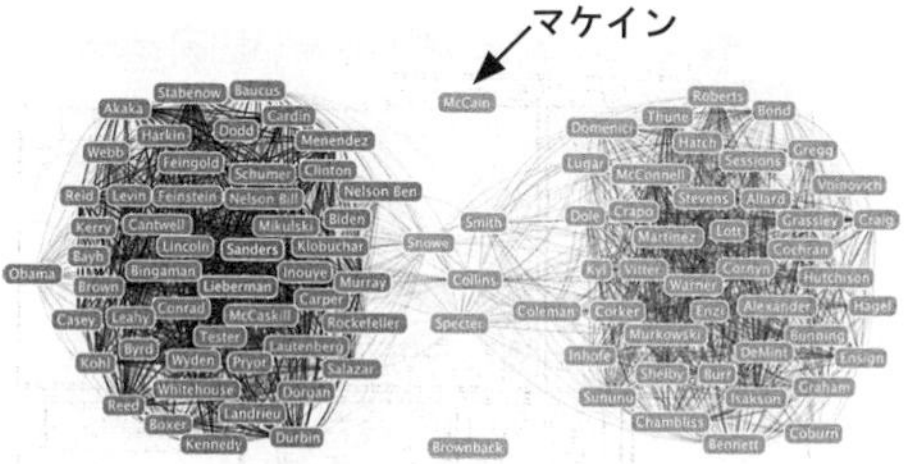

上院議員の投票行動の視覚化

最近はウェブ上の大規模データ（いわゆる「ビッグデータ」）を扱う「データサイエンティスト」が注目されるなど、大規模データを統計的に処理する技術が話題になっています。現在のところ、データの統計処理も視覚化処理も完全自動というわけにはいかず、人間にわかりやすい形に表現するためには様々なノウハウが必要です。データ処理技術と情報視覚化技術を統合的に活用する手法が重要になってくるでしょう。

長年ユーザインタフェース研究の中心人物として活躍しており、情報視覚化の研究も数多く行なっているベン・シュナイダーマンは、統計的データ処理システムと情報視覚化システムを

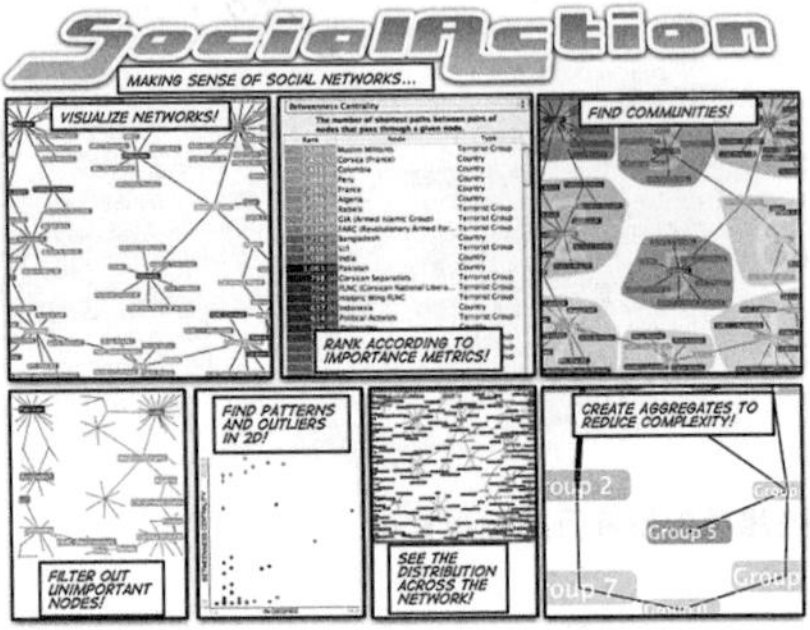

SocialAction

融合したSocialAction[*156]というシステムによって統計的データ解析と視覚化の試行錯誤を同時に行なう手法を提案しています。このような統合的な試みが今後重要になってきそうです。

私が運営している本棚.orgという書籍情報共有サイトには「情報視覚化の本棚」というデータベースがあり、次ページの図のように情報視覚化に関連する各種の書籍が登録されています。情報視覚化と銘打った日本語書籍はほとんどありませんが、「Information Visualization」をタイトルに含む洋書は数多く出版されています。[*157]

ハイパーテキストの研究がウェブとして世の中に浸透するには20年かかりました。全文テキスト検索の研究がウェブの検索エンジンとして世の中に広まるのにも20年かかりました。いよいよ情報視覚化の研究が、世の中で注目される時代が近付いているような気がします。

情報資格化の本棚

*155 Julie Steele、Noah Iliinsky著、増井俊之監訳、牧野聡訳『ビューティフルビジュアライゼーション』オライリージャパン、２０１１年 ISBN:4873115043
*156 http://www.cs.umd.edu/hcil/socialaction/
*157 http://hondana.org/ 情報視覚化

6 ズーミングインタフェース

情報視覚化研究の一環として、ズーミングユーザインタフェース（ＺＵＩ）と呼ばれるインタラクション手法の研究が流行したことがあります。１９９３年、無限にズーミング可能な二次元画面を利用して情報管理を行なえるPad[*158]というシステムをニューヨーク大学のケン・パーリン[*159]がACM SIGGRAPH[*160]で発表したのが契機となり、パソコン画面上での新しいユーザインタフェース手法を模索していた多くの研究者が「ポストＷＩＭＰ」の有力候補としてＺＵＩに期待して

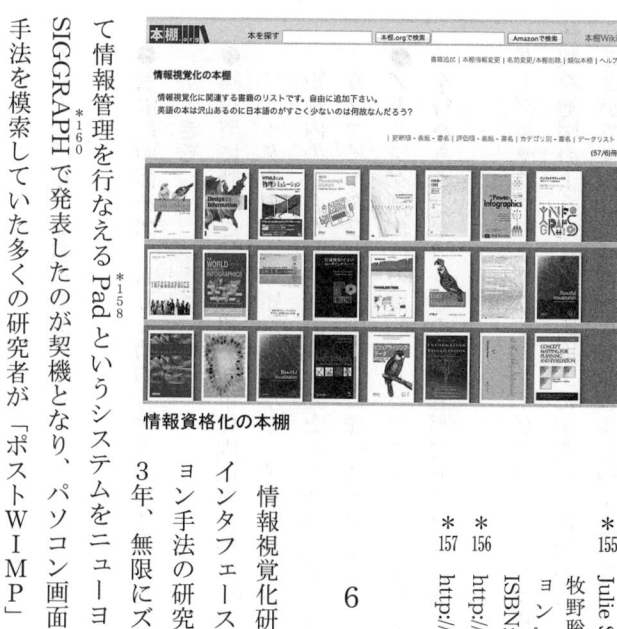

いました。

ＺＵＩには様々な利点があります。

●無限に画面をズームして情報を書き込むことができるので無限に大きな情報を扱うことができる。

●階層型に管理された情報を簡単に画面上に配置することができる。例えばディスク内のフォルダを画面上の矩形で表現し、そのフォルダに含まれるファイルやフォルダはその矩形内の小さな矩形で表現するという単純なレイアウト方式を採用するだけで、あらゆるファイルをひとつの画面上に並べて表示することができる。

●ズーミング操作は可逆的である。ズームイン操作と完全に逆の操作でズームアウト操作を行なうことができるので、容易にｕｎｄｏ操作を行なうことができる。

グーグルマップのような地図サービスのズーミング操作が現在普及しています。あらゆる情報を地図のような2次元画面上に配置し、地図のズーミングと同じような方法で情報を扱うことができれば、直感的な情報表現や検索が可能になることが期待できます。アイコンやメニューやウィンドウのようないわゆるGUI部品は、すべて情報の検索や管理に利用されるものですが、ズーミング操作だけで情報の検索や管理が行なえるのならばほとんどのGUI部品は不要になってしまいます。

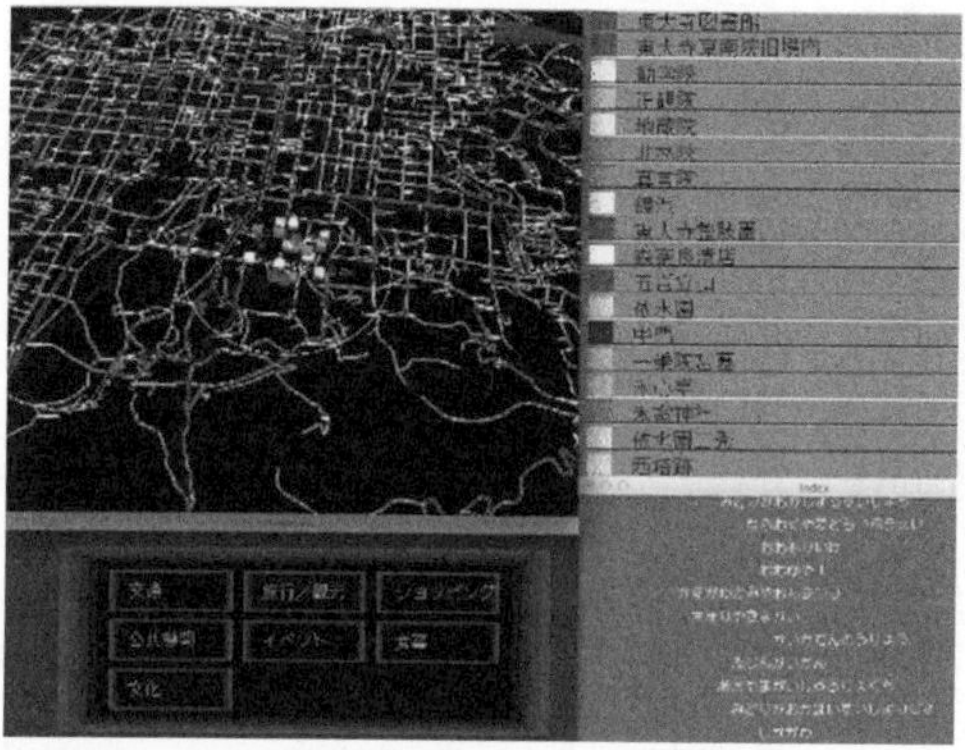
WING

私もZUIの考え方が大変気に入ったので、「奈良観光ガイド」のような視覚化／検索システムを同僚と一緒に開発しました。上の図は1995年にシリコングラフィックス社のワークステーション[*161]上で作った「WING」[*162]というシステムで、マウスを利用したズーミング操作だけで3次元地図を動かしたり地名や店名などを検索したりすることができるというものです。C言語やOpenGLといった広く普及しているシステムを利用しているため、20年前のシステムであるにもかかわらず現在のMacでもギットハブ上のソースコード[*163]を使って実際にビルドして動かすことができます。

また私は前述のFocus+Contextを考慮して大規模

な階層構造を視覚化できるLensBar[*164]というシステムを開発しました。LensBarでは、ユーザがマウスを左右に動かしてリストのズーミング操作を行なうことにより、すべてのデータを表示したり重要なデータだけ間引いて表示したりすることができます。また、検索キーワードを指定することにより、キーワードにマッチするエントリのみを表示対象とすることができるので、フィルタリングにより表示量を制御しつつ全体と詳細を同時にブラウズすることが可能になっています。

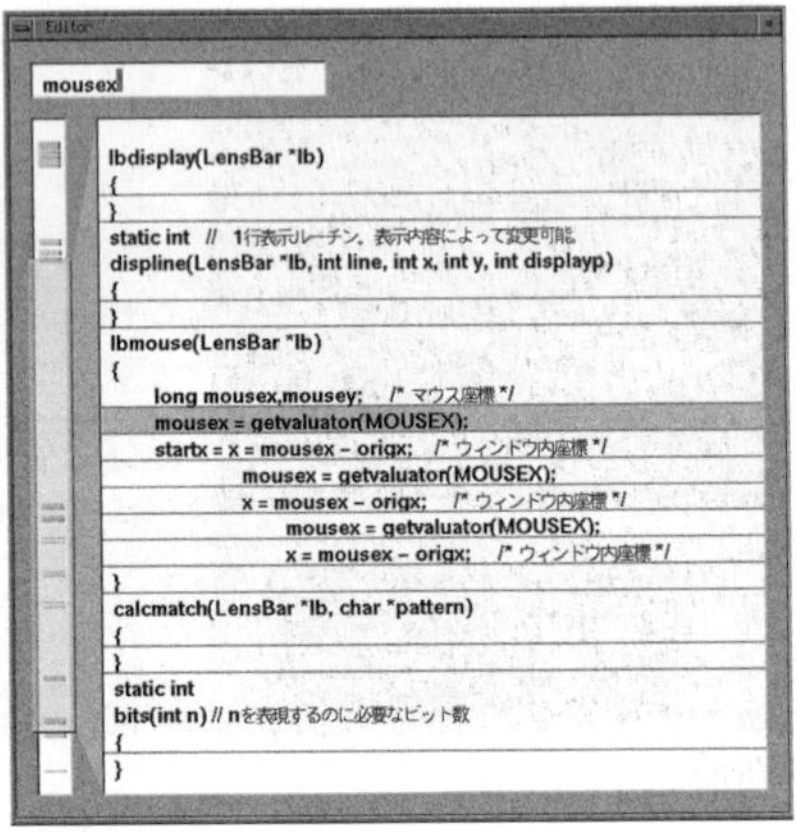

LensBar

これはC言語のプログラムテキストをズーミングしたりフィルタリングしたりしているところです。マウスを左にドラッグしてズームアウトすると関数名など重要なところだけが表示されます。文字を入力するとマッチする行だけフィルタリングされ、現在表示可能な行が左のスクロールバーの背景に表示されます。フィルタリングしている状態でズーミング操作を行なうと、指定したパタンにマッチしている行と重要な行が両方表示されるので、プログラム全体においてマッチした行がどのように分布しているのかがわかります。

＊158　http://dl.acm.org/citation.cfm?id=166117.166125

＊159　http://mrl.nyu.edu/~perlin/

＊160　http://www.siggraph.org/

＊161　当時は２００万円程度でした。

＊162　水口充、増井俊之、ボーデンジョージ、柏木宏一「なめらかなユーザインタフェースによる地図情報検索システム」、田中二郎編『インタラクティブシステムとソフトウェア―日本ソフトウェア科学会 WISS'95 III』pp. 231-240、近代科学社、１９９５年 ISBN:4844372270

＊163　https://github.com/masui/WING

＊164　増井俊之「ブラウジングとキーワード検索を統合したＧＵＩ部品 LensBar」、安村通晃編『インタラクティブシステムとソフトウェア―日本ソフトウェア科学会 WISS'98 IV』近代科学社、１９９８年 ISBN:4764902710

＊ズーミングインタフェースの逆襲

ポストＷＩＭＰとして期待されたＺＵＩですが、結局ＷＩＭＰを置き換えることはできず、商品化の計画はほぼすべて頓挫したようです。また、現在ＺＵＩを日常的に使っている人もほとんどいないと思います。ZUIが流行らなかった理由は、次のようなものだと考えられます。

●ズーミング可能な巨大な平面のどこに何を置いて管理すべきか考えるのは結構骨が折れる

●データが存在しない場所でズームイン操作を行なうと画面が真っ黒になり、自分がどこにいるのかわからなくなってしまう

●ファイル管理のような仕事はWIMPでもできるので、苦労して新しい方法に移行するメリットがない

●ズーミングに適した装置が存在しなかった（マウスの中ボタンのホイールのようなものは当時普及していなかった）

以前、本書で何度か言及したドナルド・ノーマンにLensBarをデモして見せたことがあるのですが、「使えるズーミングシステムなんて見たことないね」みたいな反応をされて、おおいに気落ちしました。しかし実際自分も毎日使っているわけではなかったので、痛いと

ころを指摘されたともいえます。

確かに2次元平面に情報を配置して管理するというのは難しいですし、常用している人が現在ほとんどいないのだからノーマンの言うことは間違いではないのですが、ZUIの利点を保ちつつ誰でも使えるインタフェースを作ることは不可能ではないはずです。ウェブ時代の大量のデータを手軽に管理したり検索したりするための、新しいZUIを利用したサービスを作りたいと思っています。

7　溶け込むデザイン

ワインを輸入しているモトックスという会社[*165]は、ブドウのデザインをスマホのカメラで読むことによってワインの情報がわかるワインリンク[*166]というサービスを提供しています。

ワインリンクのブドウのデザイン（次ページ）は、コンピュータでの読み取りやすさと見栄えの美しさのバランスが優れています。

バーコードをデザインの一部にしてしまおうという試みとして「デザインバーコード」®[*167]というものも提案されています（次ページ）。バーコードをデザインの一部にする様々な工夫

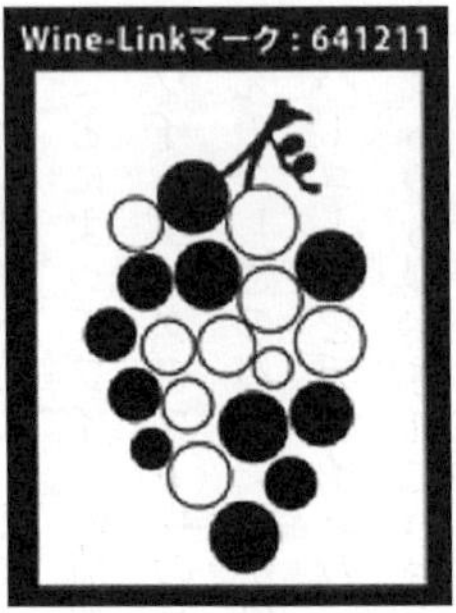

ワインリンクのブドウのデザイン

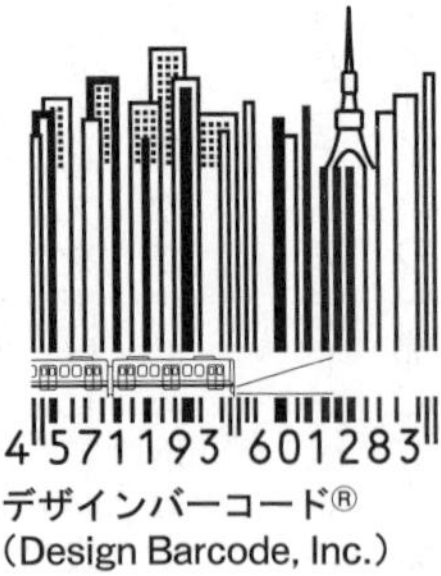

デザインバーコード®
（Design Barcode, Inc.）

が秀逸です。

ゼロックスは昔「╱」と「╲」を組み合わせた「DataGlyph」[*168]という2次元バーコードを開発していました（左）。このようなパタンは遠くから見ると目立たないので、画像の中に何気なくデータを埋め込むことが可能だというのが売りだったのですが、商売としては成功しなかったようです。

＊165 http://www.mototox.co.jp/
＊166 http://wine-link.net/
＊167 http://www.d-barcode.com/
＊168 http://www.microglyphs.com/english/html/dataglyphs.shtml

5 楽々情報整理

1　なんでも自動化

コンピュータのおかげで様々な仕事が楽になりましたが、つまらない操作を何度も繰り返さなければならないこともまだまだあります。例えば次のような処理は、手作業で行なうのが普通ではないでしょうか。

●ある規則に従って沢山のファイルの名前を変更する
例：沢山のファイルの1文字目を大文字に変更する、ファイル作成日時をファイル名に追加する、など
●特殊なテキスト修正処理を行なう
例：連続する行の先頭に記号を挿入する、すべての行の先頭要素と2番目の要素を入れ換える、など

一方、よく実行されるファイル操作やテキスト編集操作については、あらかじめ用意され

ている機能を組み合わせて実行できることもあります。例えば、以下のような処理であればデスクトップやエディタの機能の組み合わせでなんとかなります。

●10メガバイト以上のムービーファイルをバックアップフォルダに移動する
↓ファイルをサイズと種類でソートし、必要なものを選択して移動する
●文中のすべての「abc」を「def」に変更する
↓テキストエディタの文字列置換機能を利用する

このように、似たようなレベルの仕事であっても、システムに機能が用意されているかどうかで手間が相当異なることがありますし、システムの機能を熟知して使いこなすのはなかなか大変です。作業が単純ではっきりしている場合、繰り返される操作を小さなプログラムとして表現し、それを何度か繰り返して実行させることができればいいはずです。「行の先頭に移動して記号を入力し、次の行に移動する」とか、「[abc]という文字列を探し、みつかったら3文字削除して[def]を挿入する」といった処理をプログラムとして記述してすぐに使うことができるようになっていれば、特殊な繰り返し操作が必要になっても

困ることはありませんし、エディタの文字列置換機能のようなものは必要なくなってしまうかもしれません。

このようなちょっとした処理手順をユーザが定義する「操作マクロ」[*169]を利用できるテキストエディタは多くあり、本格的なプログラミングが可能なEmacsのようなエディタもありますが、普通のユーザにとってこういったプログラミングは敷居が高く難しいので、面倒を我慢してこつこつ作業することが多いのだろうと思います。

手軽にちょっとした自動化処理を指示できるといろいろな場面で便利なので、誰でも簡単なプログラミングを行なえるようにするため、「エンドユーザプログラミング」や「例示プログラミング」という考え方が提唱されています。本格的なプログラミングは難しいかもしれませんが、料理のレシピのような手順書であれば簡単に書いたり利用したりできますし、大抵の人はアナログ時計のアラームぐらいはセットできるわけですから、環境さえ用意すれば誰でも簡単なプログラミングができるようになる可能性は充分ありそうです。

＊169　キーボードマクロと呼ばれることもあります。

＊エンドユーザプログラミング

簡単なプログラムを普通のユーザが手軽に作って利用できるようにしようという考え方を「エンドユーザプログラミング」と呼びます。前述のような仕事はすべてちょっとしたプログラミングで解決できますから、JavaScriptやRubyのような汎用言語のプログラムを誰もが書けるようになれば、ユーザは面倒な処理をする必要がなくなるはずです。しかし、多くの普通のパソコンユーザがプログラミングに関する知識を持って日常的に使うということは当分考えにくいので、この方針はまだハードルが高すぎるといえるでしょう。

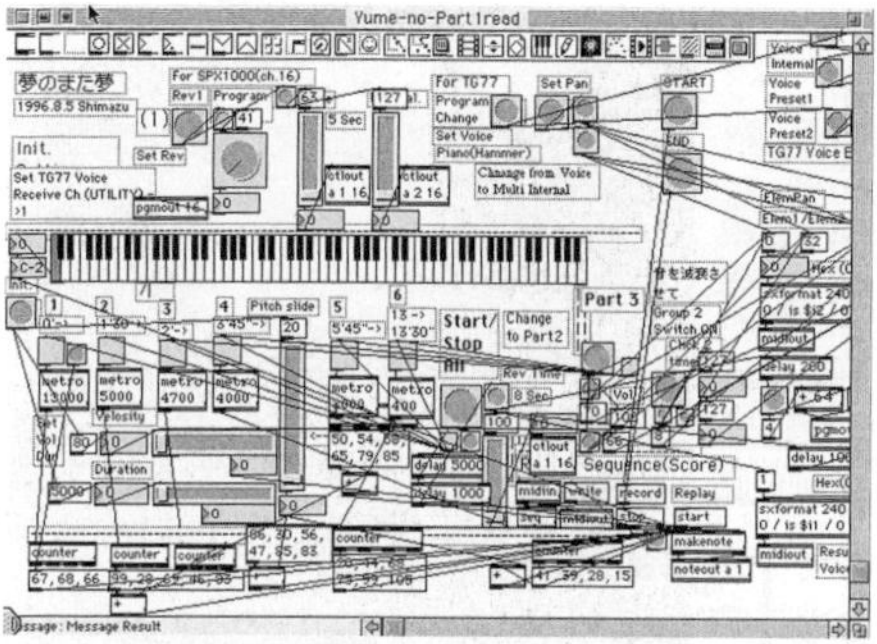

Maxのプログラム例

テキストだけを利用してプログラムを表現するよりも図を併用した方がわかりやすいことが多いので、エンドユーザプログラミングシステムでは、図形を使った「ビジュアルプログラミング」システムがよく採用されています。ビジュアルプログラミングの研究は長い歴史がありますが、まだ本格的なプログラミングに利用されているとはいえません。しかし、音楽家の間ではMax[*170]というビジュアルプログラミングシステムが広く利用されていますし、Lego Mindstorms[*171]のような教育システムでもビジュアルプログラミング言語を採用することによって、プログラミングのハードルを下げるのに成功しています。

Ｍａｃには Automator という簡単なビジュアルプログラミングシステムが搭載されており、アプリケーション操作を自動化するプログラムを手軽に作れるようになっています。次ページの図は、人間を表現するアイコンへファイルをドラッグ&ドロップすることによって、その人にファイルをメールで送るというプログラムをAutomatorで作成したものです。これは「顔アイコン」[*172]というシステムで提案されている機能ですが、Automatorを使うとこのように非常に簡単に実装することができます。

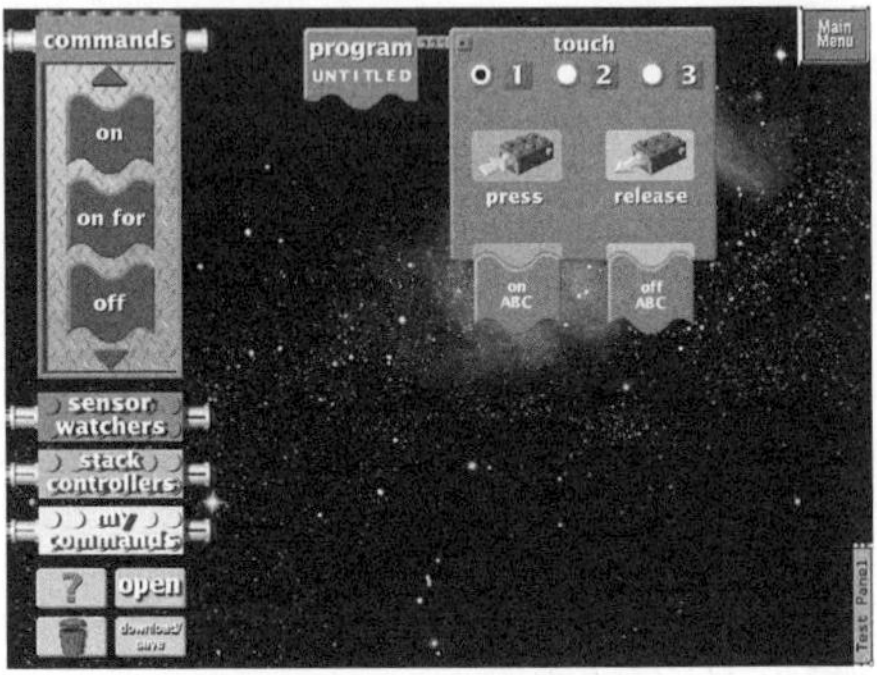

Lego MindStorms のプログラミング

Automatorは高機能なシステムですが、Ｍａｃユーザに広く利用されているとはいえないようです。視覚的にわかりやすいという利点はあるものの、プログラミングには違いあり

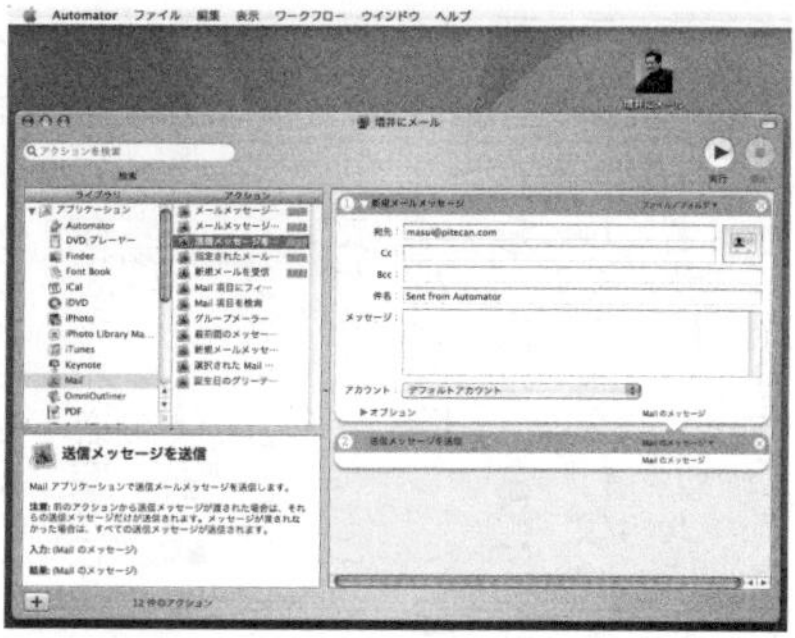

Automator

ませんから初心者にはハードルが高いですし、テキストベースのプログラミングが得意な人はAutomatorを使わず、もっと一般的なプログラミング言語を使うからかもしれません。

＊170　http://d.hatena.ne.jp/keyword/Max/MSP
＊171　http://www.legoeducation.jp/mindstorms/
＊172　高林哲、塚田浩二、増井俊之『顔アイコン―手軽なファイル転送システム』インタラクション2003年論文集、pp.33-34、2003年 http://mobiquitous.com/faceicon/

＊例示プログラミング

プログラミングが難しいと思われているのは、抽象的思考が必要になるからかもしれません。一方、レシピを記述したり目覚まし時計をセットしたりする操作は具体的だからわかりやすいのでしょう。

アナログ時計の文字盤の「7」に針をあわせるという操作は、時刻が文字盤の上に具体的に表現されているのでわかりやすいといえます。昔のビデオデッキで番組を録画するときは「7:00」のような数字を入力する操作が必要でしたが、時刻やチャンネルの数字による表現が抽象的でわかりにくいため、ビデオの予約は難しいという印象が定着してしまいました。ビデオの録画予約が苦手な人でも、チャンネルを変えたり録画ボタンを押したりすることはできるでしょうから、このような具体的な操作だけで予約ができるようになっていればよかったのかもしれません。

　抽象的な思考を必要とせず、具体例な操作を行なったり指示したりするだけでプログラムを自動生成してくれるシステムを例示プログラミング（ＰＢＥ：Programming by Example）[*173]システムと呼びます。ＰＢＥの手法を使うと、抽象的な表現を利用せず、具体的な操作だけをもとにしてプログラミングを行なうことができます。例えば、「100.bak」というファイルを削除し、「101.bak」というファイルを削除し、「102.bak」というファイルを削除したら、次は「103.bak」を削除するだろうとシステムは予測できるでしょうし、システムが正しく予測を行なってくれるように意図的に操作をすることもできるでしょう。このとき、ユーザはシステムに対して操作例を示すことによって、「.bak という拡張子をもつファイルを順に削除する」というプログラムを作成できたことになります。

ＰＢＥシステムを利用すると、例を示すだけでプログラムを自動生成できるのは素晴らしいことなのですが、与える例が充分でなければ正しいプログラムを生成することはできませんし、システムが間違った予測を行なってしまう可能性を完全にゼロにすることはできません。前の例では、「10」で始まるファイルを順番に削除したいのか、「.bak」という拡張子を持つファイルを全部削除したいのか、これだけの例から判定することはできません。しかし充分な例を与えたり、生成されたプログラムが正しいかどうかをユーザが知らせるようにすることにより、より少ない手間で正しいプログラムを生成することは可能です。

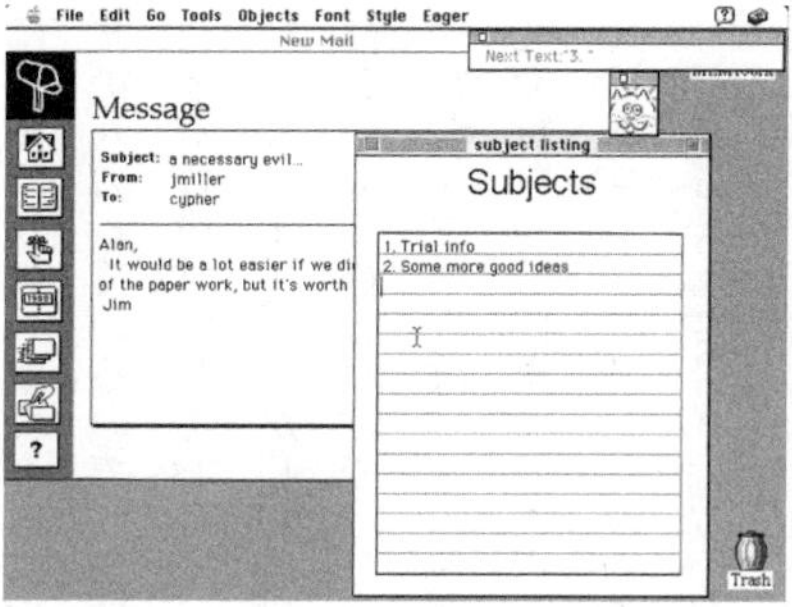

Eager

Eager　上の図は、アップルにいたアレン・サイファー[*175]が１９９０年ごろに開発したEager[*174]というシステムで、ユーザがHyperCard上で同じような処理を繰り返したとき、それを検出して自動実行を助けてくれるというものです。ユーザが同じような操作を繰り返すと、画面に「猫」が出現してユーザの次の操作を予測して表示します。正しく予測してくれているようだと感じられれば、ユーザは猫に頼んで残りの処理を自動実行してもらうことができます。この例では、「1.」、「2.」とユーザが入力しているので、猫は次に「3.」が入力されるだろうという予測を行なっています。猫は普段は隠れており、ユーザが同じような操作を繰り返したとき画面に出現するようになっています。しかし突然猫が出現するとユーザは驚いてしまいますし、常に正しい予測を行なってくれるわけではないので、Eagerは結局ほとんど流行しませんでした。IBMに移ったサイファーは、その後ブラウザの操作を自動化する「CoScripter」[*176]などのシステムの研究を行なっています。このシステムを使うと、ブラウザ上での様々な繰り返し操作が自動化できますし、作成したプログラミングをウェブ上で共有できたりするので便利です。

Dynamic Macro　高度な予測を行なうのはあきらめて、完全にユーザ主導で単純な繰り返し処理を自動実行させるようにすれば、システムの動作にユーザが驚くことはありません。このような方針で私はDynamic Macroというシステムを開発しました。例えば以下のようなテキストを編集する作業について考えてみます。

メールテキストを引用するとき

引用記号を先頭につけるのが

慣習ですが、
手作業で引用記号をつけるのは
面倒なものです。

このテキストに引用符をつけたいとき、まず以下のように手作業で最初の2行だけに引用符を付加します。

> メールテキストを引用するとき
> 引用記号を先頭につけるのが
慣習ですが、
手作業で引用記号をつけるのは
面倒なものです。

ここでユーザが「繰り返しキー」を押すと、Dynamic Macroはユーザの操作履歴を調べて繰り返し操作を検出し、「行頭に［>］を挿入して次の行に移動する」という操作をプログラムとして自動登録して実行します。この結果、テキストは以下のようになります。

> メールテキストを引用するとき
> 引用記号を先頭につけるのが
> 慣習ですが、
手作業で引用記号をつけるのは
面倒なものです。

繰り返しキーを連打すると、キー入力のたびにマクロが実行され、テキストは以下のように変化します。

> メールテキストを引用するとき
> 引用記号を先頭につけるのが
> 慣習ですが、
> 手作業で引用記号をつけるのは

く面倒なものです。

Dynamic Macro の場合、連打が必要ではありますが、繰り返しキーを押さない限り特別なことは起こりませんからユーザが驚くことはありませんし、予測を間違う可能性は低いので、かなり実用的に利用することができます。

例示プログラミングシステムでは、具体的な操作を行なうことによってプログラムを自動生成することができます。複雑なプログラムを作ろうとすると実行例を沢山与える必要がありますが、単純なプログラムを作りたい場合は有効な手法だといえるでしょう。

「こう動いてほしい」という例を示すだけでいろんなシステムがうまく動いてくれれば大変便利なはずですが、今のところ、こういうことができるのはパソコン上のテキストエディタやブラウザなどに限られています。将来的に全世界のセンサや駆動装置を自在にプログラミングできるようになれば、「近くに友達がいれば連絡する」とか、「株価が上がったら株を売る」といったプログラムを誰でも簡単に作って利用できるようになるはずです。

「近く」のような漠然とした概念は普通のプログラム言語では簡単に表現することができませんが、ビジュアルプログラミングや例示プログラミングを利用すれば簡単に指定できるかもしれません。ユビキタスコンピューティングにおける様々な自動化を支援する環境に今後期待したいところです。

＊173 予測インタフェース、Programming by Demonstration（PBD）と呼ばれることもあります。
＊174 Allen Cypher. Eager: Programming Repetitive Tasks By Example. In Proceedings of the ACM Conference on Human Factors in Computing Systems(CHI'91), pp.33-39, 1991.
＊175 昔のマッキントッシュに標準登載されていたハイパーテキストプログラミング環境。
＊176 http://en.wikipedia.org/wiki/CoScripter

＊例示プログラミングとデータ圧縮アルゴリズム

例示プログラミングシステムは、ユーザの操作履歴から次の操作を予測することによってプログラムを生成しています。既存のデータをもとにして新しいデータを予測するという方法は様々な場所で利用されていますが、データ圧縮アルゴリズムとしてとくに広く応用されています。

データ内容が偏っている場合や、データ中に同じ内容が繰り返し出現する場合は、データを圧縮することが可能です。人間が扱う大抵のデータはこのような冗長性を持っているので、これをうまく抽出することにより効率的なデータ圧縮ができます。

例えば「abc」という文字列が10回続けて出現した場合、「abcabc...」と書くかわりに「abcが10回」と書いた方が短いからです。逆に、効率的なデータ圧縮プログラムは、データの偏りや繰り返しをうまく検出するのが得意だということになります。このようなアルゴリズムを利用すると、ゲームで相手の手を予測できる可能性があります。

効率的なデータ圧縮を行なうアルゴリズムとしてＰＰＭ（Prediction by Partial Matching）法[*177]というものがあります。ＰＰＭ法では、データの中の文字列出現頻度を計算することによって、次の文字の予測を行ないます。例えば「abracadab」という文字の並びの次にどの文字が来るか予測する場合、

1　「a」は4回、「b」は2回出現している
2　「b」の後に「r」が続いたことがある
3　「ab」の後に「r」が続いたことがある

といった情報を累積して確率を推定します。この場合、3から考えると次の文字は「r」である確率が高いと思われますが、1も考慮すると「a」の確率もある、というふうに計算を行ないます。

PPMのようなアルゴリズムを利用すると、じゃんけん必勝システム[*178]を作ることができます。人間が同じようなパタンで手を出しているとシステムはその統計的性質を学習するので、深く考えずに長く勝負すると必ず人間が負けてしまいます。確かに効果的な予測が行なわれていることがわかります。

人間の行動や人間が目にするものは繰り返しで満ちています。毎日同じような行動をしていると、今日の行動記録は「昨日と同じ」のように圧縮可能になってしまうので、歳をとるとだんだん時間がたつのが速く感じられてしまうのでしょう（「時間感覚のコントロール」(P58）参照)。繰り返しの少ない／圧縮しにくい人生を送るためにも、無駄な繰り返しを自動化するツールを活用したいものです。

＊177 http://ja.wikipedia.org/wiki/Prediction by Partial Match

＊178 http://pitecan.com/Puzzle/Predict/janken.html

2　階層型ファイルシステムの憂鬱

沢山のデータをパソコンで管理する場合、以下のような方法を使うのが普通です。

●各種のデータは様々な種類の「ファイル」として保存する。テキストデータも音楽データも写真データもファイルである。
●関連するファイルをまとめて「フォルダ」に格納する。
●関連するファイルやフォルダをまとめて別のフォルダに格納する。

ハードディスクの中にはファイルやフォルダがあり、そのフォルダの中にはまたファイルやフォルダがあり、……といった階層的な構造を作って管理することが現在のパソコンでは常識になっています。このような階層型データは「階層構造の視覚化」（Ｐ200）のような方法で視覚化することができます。

ファイルを階層的に管理する方法は、昔から一般的だったわけではありません。昔のパソコンや大型コンピュータではフォルダを作ることができなかったり、階層の深さに制限があったりするのが普通で、深い階層をもつ構造を作ることはできませんでした。現在使われているような階層的なファイルシステムは、ＵＮＩＸではじめて導入されたものであり、現在はパソコンでもスマホでもこのような管理方法があたりまえになっています。

階層的ファイル管理は確かに便利なものですが、誰もが簡単に使いこなせるものではありません。階層化が自然なもの（住所など）や分類の専門家がいるところ（図書館など）ではデータを階層的に管理するのがいいかもしれませんが、パソコン上の雑多なデータを階層的に適切に管理することは普通の人には簡単ではありません。

「1月の会議でA社にもらったBプロジェクトの資料」のような文書を入手したとき、資料ファイルを「1月」のフォルダに入れるべきなのか、「A社」のフォルダに入れるべきなのか、「Bプロジェクト」のフォルダに入れるべきなのか判断に苦しみますし、そもそもファイル名をどうすればいいのかわかりません。新しいファイルが必要になるたびにこのように悩むことはまったく理不尽であり、私の場合はついデスクトップに仮置きしてしまうのでデスクトップがぐちゃぐちゃになってしまっています。

これを解決するには、階層型ファイルシステムなど使わずにデータを管理すればいいでしょう。例えば、データはすべて適当なフォルダに放り込んでおき、タグをつけて管理できるようにしておけば、階層のことを気にする必要はなくなります。

前の例の場合、データに「1月」「A社」「Bプロジェクト」のようなタグをつけておいて検索できるようにしておけば、フォルダ名などを気にしなくても後から簡単に検索することができます。また、他のデータに同じタグがついていれば関連データを連想的に検索することができるので、テキスト検索しなくても関連情報を簡単に利用することができるはずです。

こういうことは自明だと思われますが、「デキるビジネスマンは現行の階層的ファイルシステムを使いこなす」といったような誤った思い込みがあるのかもしれません。階層型ファイルシステムを使わずにあらゆる個人的データをうまく管理する方法が必要だと思っています。

3　名前の効用

人間社会では様々なものを識別するのに名前が利用されています。名前を持っていない人はいませんし、およそ人間が利用したり表現したりするものには名前がついており、様々なものを指定したり区別したりするのに利用されています。「高山によく生えている、白い花びらが5枚あって真ん中が黄色い小さな花」などと言うよりも、「チングルマ」といった方が話が早いですし、私のことを表現するには「変なシステムをいろいろ作ってきた奴」などと言うより「増井俊之」と表現する方が簡単でしょう。

ふだんの生活で名前はあまりにも当然のものとして利用されているため、コンピュータの利用やコミュニケーションにおいても何らかの名前を使うのが普通になっています。通信相手を指定するには電話番号やメールアドレスのような名前が使われますし、データやウェブページを指定するにはファイル名やURLのような名前が使われます。コンピュータの名前／プリンタの名前／アプリケーションの名前／……など、コンピュータで利用されるすべての対象は名前で区別されます。

しかし、よく考えてみるとこれらを扱うのに本当に名前が必要なのかは疑問です。日本ではあらゆる建物に住所という名前が定義されているのに対し、ほとんどの道には名前がありません。道に名前がなくても道案内にとくに困ることがないことを考えると、あらゆるものに名前が必要だということを疑う必要がありそうです。

＊名前の問題点

名前を使うことは便利なことばかりではなく、問題も沢山あります。

名前を覚えるのが大変　歳をとると目の前の知人の名前を思い出せないことがあるぐらい、

名前というのは記憶しやすいものではありません。マウスを使ってウィンドウやメニューを操作するGUIが普及する前のコンピュータでは、キーボードを使ってコマンド文字列をコンピュータに入力して様々な指示を行なうコマンドラインインタフェース（CLI）がよく使われていました。[*179] しかし、コマンドや引数の文字列を覚えるのはかなり大変なので、GUIが発明されるまでは普通の人がコンピュータを使うことはできませんでした。

新しい名前を考えるのが難しい　パソコンで文書を作るときは、作成した文書に名前をつけてファイルとしてセーブする必要があります。どういうファイルなのかわかるようにするため、「第3回ABC研究会レポート」とか「A社打合せ資料 2014-1-12」のように、中身がすぐにわかるような名前をつけている人が多いと思います。しかし、一貫性がある名前をつけることは楽ではありません。一度変な名前をつけてしまうと、間違って捨ててしまったり、後で捜せなくなってしまう可能性が高くなってしまいます。

CLIの時代はコマンドの名前を覚えるのが大変でしたが、GUIの時代になってコマンド名を覚える必要がなくなったのにもかかわらず、データを格納するファイルに適切な名前をつけたり、その名前を後で思い出す必要があったりするのは残念なところです。

相手が人間ならば、正確な名前を使わなくても「あれをそこの上に置いといて」のような指示ができますが、相手がコンピュータの場合、目の前にあるプリンタに対し「このプリンタに印刷」などと指示することはできず、常に名前を指定しなければなりません。「そこのプリンタ」と指示することができないとしても、「会社のレーザープリンタ」や「去年買ったインクジェット」のような指定ができてもよさそうなものです。それが可能なら、必ずしもプリンタに名前をつける必要はないことになります。

＊179　例えばＵＮＩＸで現在時刻を知るためには「date」とタイプする必要があります。「time」とタイプしても現在時刻を知ることはできず、別の意味だと解釈されてしまいます。

＊面倒な名前を使わずに暮らす

昔は覚えやすい短いＵＲＬが人気がありましたが、最近は必ずしも短いＵＲＬがいいとは考えられておらず、わかりやすいキーワードで検索できるようであればＵＲＬは長くてもいいという風潮になっているようです。最近では、「〜で検索」というアイコンを表示した広告がよく使われています。私は「pitecan.com」という妙な名前のサイトで情報を公開しているのですが、このＵＲＬを覚えてもらうよりも「増井」で検索する方が楽ですから、ＵＲ

Lを知らせるかわりに「『増井』で検索して下さい」と言うようにしています。

つまり検索が可能なら名前は必ずしも必要ないことになります。今後、多彩な検索手法が利用可能になるにつれ、名前の重要性は低下していく可能性があります。常に「オフィスのプリンタ」や「去年買ったプリンタ」のような表現が使えるならプリンタに名前をつける必要はなくなるでしょう。

とはいうものの、現在のコンピュータは名前の利用が基本になっていますから、以下のようにして、名前を利用しつつもその重要性を徐々に下げていくような工夫が必要だと思います。

解決法1：自動的に名前をつける　デジカメで撮った写真には自動的に生成されたファイル名（例えばCIMG1234.JPG）が使われます。デジカメのファイル名から写真の内容を知ることは不可能ですが、写真管理システムで工夫することにより、撮影時刻やタグなどを使ってそれなりに整理することが可能になっています。

複数のコンピュータを区別するためには、従来は各マシンに名前をつける作業が必要でした。そのため、マシンが沢山ある場合はそれぞれのマシンに適切な名前を割り当てなければならないのが面倒でしたが、最近のパソコンでは従来通りマシン名は存在するものの、マシン名を自動生成することによって名前の登録を不要にしているものもあるようです。

私が現在使っているコンピュータでは、明示的に名前づけを行なっていませんが、ユーザ登録情報を利用して「Toshiyuki Masui's Computer」のような自動生成されたマシン名が使われています。自分の好きなマシン名を設定できるのは楽しい面もありますが、沢山のコンピュータを利用する場合は面倒の方が多いでしょう。

TinyURL.com[*180] や bit.ly[*181] のようなアドレス短縮サービスでは、URLが自動生成されますし、私が仲間と運営している画像アップロードサービス Gyazo[*182] でも画像のURLは自動生成しています。ファイル名やURLについて考える必要がないと、心理的負担がかなり小さくなります。

解決法2：後で名前をつける　どうしても名前が必要になる場合、名前をつけるのを後回しにするといいかもしれません。現在使われている大抵の文書作成システムが、文書を作った後で名前をつけて保存できるようになっているのは、この方針を採っているといえるでしょう。仕事を始める前に名前を決めるのは面倒なものです。どうしても必要になって、はじめて名前をつけるようにすれば面倒な気分は減るかもしれません。

解決法3：短い名前を使う　私はネット上でブックマーク管理を行なうことができる

Gyamp[*183]というサービスを運営しています。Gyampを使うと、任意のURLに任意の名前をつけて保存できるので便利です。この方法について少し詳しく説明します。

＊Gyampを使ったURL短縮

TinyURLやbit.lyのような「URL短縮サービス」を利用すると、どんなに長いURLでもhttp://tinyurl.com/abcdefgのような短いURLに変換してくれるので便利ですが、名前をシステムに勝手に決められてしまうところは不便です。bit.lyのサービスを使うと、グーグルマップ上で秋葉原の地図を示す

https://maps.google.co.jp/maps?ll=35.698683,139.774219&z=15

のような長いURLを

http://bit.ly/c1f2fq

のような短いURLに短縮することができます。これはとても便利なのですが、「秋葉原」が「C1f2fq」であるということを覚えておくことは難しいですし、一時的にでも「C1f2fq」という文字列を覚えることは難しいので、人に伝えたり記憶したりするには不便です。

TinyURLを利用するとhttp://tinyurl.com/akibamapのような短いURLをユーザが指

定することもできますが、このようなＩＤはあらゆるユーザで共有されるため自由にＩＤを選べるわけではありません。一度登録したものは修正や変更ができないのは不便です。

Gyampを利用すると、TinyURLやbit.lyと同じように、長いＵＲＬのかわりに

http://Gyamp.com/ユーザ名/ID

のような短いＵＲＬを利用することができるようになります。

例えば前述のＵＲＬは

http://Gyamp.com/test/akihabara

のような別名で登録することができるので、「test」および「akihabara」という単語を覚えておけばどのブラウザからでも簡単に秋葉原の地図を参照できるようになります。[*184]

TinyURLやBit.lyのサービスと異なり、Gyampでは同じＩＤに異なるＵＲＬを再登録できるようになっています。例えば秋葉原の地図のかわりに秋葉原駅の情報を

http://Gyamp.com/test/akihabara

に登録しなおすこともできます。

Gyampへの登録　GyampはTinyURLのような利用法をメインに考えています。ＵＲＬにhttp://Gyamp.com/test/akihabaraという別名をつけたい場合、http://Gyamp.com/test/

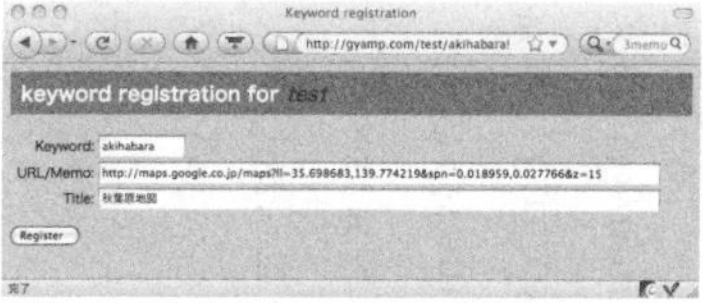

akihabara! のように最後に「!」をつけたURLにアクセスすると、上の図のような登録画面が出て長いURLを登録できるようになります。

登録後にブラウザから http://Gyamp.com/test/akihabara にアクセスすると、登録したアドレスに転送されます。私は本棚 .org や天気予報などよく使うサイトのURLを「hon」「tenki」のような名前で登録してブックマーク的に利用しています。

同じIDの再利用　Gyamp では同じIDに異なるURLを登録し直すことができるので、目的地の地図を常に http://Gyamp.com/test/map のようなアドレスに登録しておくことにすれば、このアドレスにアクセスすれば常に現在の目的地を表示することができます。私はパソコンのデスクトップやスマホのホーム画面にこのアドレスを登録しています。知らない場所に行くとき、行先の地図のURLをこの Gyamp アドレスに登録しておくことにより、パソコンやスマホから簡単に目的地の地図にアクセスできるようになります。

文字列の登録　Gyamp ではURL以外の文字列も登録することができます。例えば、買い物リストを http://Gyamp.com/test/buy というアドレスに記録しておくことにすれば、買い物リストにパソコンやケータイから簡単にアクセスできるようになります。この方法を使うと様々なマシンから簡単に同じ情報にアクセスできるようになるので、異なるマシン間での文字列のコピペに利用することができます。マシンAに表示されている文字列をマシンBで利用するのは意外に面倒なものですが、マシンAの文字列をhttp://Gyamp.com/test/tmpのようなアドレスに登録し、これにマシンBからアクセスすることにすれば、簡単にマシン間で文字列をコピペすることができます。

私はGyampを長年利用しており、自分の生活に欠かせないサービスのひとつになっています。Firefoxでは検索窓に任意の検索システムを組み込むことができるようになっているので、Gyampを検索窓に登録しておくことによって「map」や「tenki」などと打つだけで目的のページに飛ぶことができるようになります。このため私はブラウザのブックマーク機能はほとんど利用しなくなってしまいました。

ネット上にブックマークを登録して共有する「ソーシャルブックマーク」が最近広く利用されていますが、ブックマークしたページに後でアクセスするには結構手間がかかります。個人的にネット上でブックマークを利用するのにGyampは非常に便利です。

＊180 http://tinyurl.com/

＊181　http://bit.ly/
＊182　http://Gyazo.com/
＊183　http://Gyamp.com
＊184　Gyamp.com は、以前は3memo.comという名前でサービスを行なっていました。IDとして3文字のキーワードを推奨していたのでこのようなサイト名を利用していたのですが、3文字にこだわる理由があまりないのでサイト名を変更し、3文字を特別扱いしないようにしました。

Firefox の検索窓に Gyamp キーワードを入力して地図を表示

4　番号で情報整理

ジョーク好きの2人が列車に乗り合わせた。だがこの2人はジョークを言い飽きてしまっていた。

2人：「ジョークをいちいちしゃべるのは面倒だから、ジョークに番号を付けて番号で呼ぶことにしよう」

A：「8番」

B：「ははは」
B：「25番」
A：「ははは」
こう繰り返しているうちにAが、
A：「125番」
というと、2人とも「わーっはっはっはっはっはー」と大笑いした。
そばの人：「え、まだそんなに面白いジョークが残っていたんですか？」
2人：「いやね、今のは初耳のジョークだったんだよ[*185]」

前節で議論したTinyURLやbit.lyのようなURL短縮サービスは、長いURL文字列と短い文字列を対応づけるデータベースを保持しており、ブラウザから短い文字列が送られてくると長い文字列に変換して返すという処理を提供しています。これらは一種のデータ圧縮サービスだと考えることもできます。
TinyURLやbit.lyはあらゆるURLを6〜7文字に圧縮していることになりますが、世界中のあらゆる情報は13バイトに圧縮できるという説もあります[*186]。4バイトでIPアドレスを特定し、そのマシン上のファイルの位置を9バイトで表現すれば13バイトに収まるからです。これはさすがに冗談としても、使い方を限定すれば、ファイルを特定するために必ずしも長い名前を利用する必要はないかもしれません。自分が扱う可能性のあるデータが10万種類以下なのであれば、ファイル名などを利用せずに5桁の数字だけですむはずです。

世の中では様々なものが番号で管理されています。ほとんどの商品に13桁のバーコード[*187]が印刷されていますし、書籍にはISBN[*188,189]が割り当てられています。このようなIDは商品にもともと印刷されているものですが、会社の備品を管理したり図書館の蔵書を管理したりするために、組織独自のバーコードやQRコードを貼り付けて管理する方法も広く使われています。

大きな組織ではこのような管理手法は意味がありますが、小さな組織や家庭などではこのような手法が必要になることはまずありません。しかし、番号を利用してちょっとした管理や情報共有を行なうと便利なことがあります。限られた環境で利用する場合、桁数が多い番号は必要ありませんし、一時的に区別がつけばいいこともあります。

例えば、論文の参考文献表記や書籍の注釈番号は2〜3桁の数字が利用されています。このようなIDは、ひとつの論文や本の中でだけ使われるものなので、単純な数字で充分だと

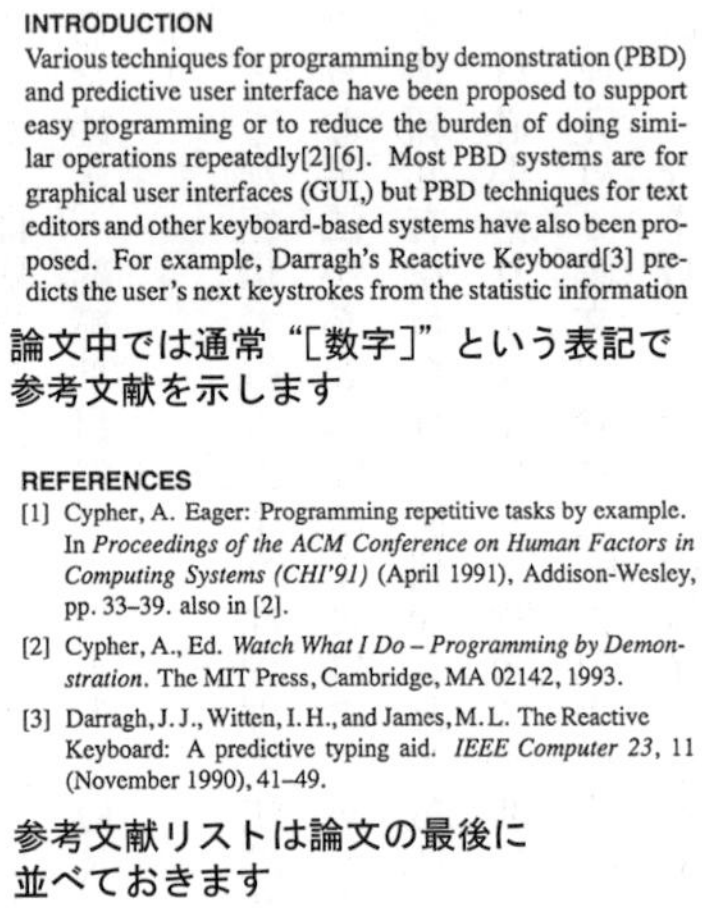
INTRODUCTION
Various techniques for programming by demonstration (PBD) and predictive user interface have been proposed to support easy programming or to reduce the burden of doing similar operations repeatedly[2][6]. Most PBD systems are for graphical user interfaces (GUI,) but PBD techniques for text editors and other keyboard-based systems have also been proposed. For example, Darragh's Reactive Keyboard[3] predicts the user's next keystrokes from the statistic information

論文中では通常“[数字]”という表記で
参考文献を示します

REFERENCES
[1] Cypher, A. Eager: Programming repetitive tasks by example. In *Proceedings of the ACM Conference on Human Factors in Computing Systems (CHI'91)* (April 1991), Addison-Wesley, pp. 33–39. also in [2].
[2] Cypher, A., Ed. *Watch What I Do – Programming by Demonstration*. The MIT Press, Cambridge, MA 02142, 1993.
[3] Darragh, J. J., Witten, I. H., and James, M. L. The Reactive Keyboard: A predictive typing aid. *IEEE Computer 23*, 11 (November 1990), 41–49.

参考文献リストは論文の最後に
並べておきます

いうわけです。

上の論文中では、［2］は「Watch What I Do」という本のことだということになり、何度か参照する場合でもいちいち「Watch What I Do」と書かなくても［2］とだけ書けばいいことになります。

同じように、例えばオフィス内の情報を共有する際、オフィス外のことは考えなくてもいいのであれば、オフィス内のあらゆる情報に「123」とか「456」とか短い番号をつけておけばよさそうです。

例えば、「戦略会議20140123.pdf」という名前の文書ファイルを印刷した紙には「123」と書いておき、123という番号からこのファイルにアクセスできるようにしておけば、紙から元ファイルに簡単にアクセスすることができます。「123」という番号だけから中身を判断することはできませんが、中身の詳細については別の場所に書いておけばいいのです。

オフィスで使うファイルには長い名前がついていることが多いようですが、こういう名前は紙の上に記録するのが面倒ですし、名前を使ってファイルにアクセスするのも簡単ではありません。ファイル名であらゆる属性を表現することはできないのですから、とりあえずその場所で区別可能な短い数字を使えば充分です。

ファイルがネット上で共有されていれば、ファイルを他人に渡す場合にメールなどで送る必要はなく、「123番のファイル」と伝えるだけですむでしょう。ファイルの名前が長い場合、口頭では伝わりにくいのでメールなどを使う手間が必要になってしまいます。

前節で紹介したGyampを利用すると、簡単にこのような運用をすることができます。まずオフィス内で共通に使う名前（例えば「delta」[*190]）を決めておき、情報共有するべきウェブページがある場合は、そのページに新しい番号（例えば「1234」）をつけてhttp://delta.gyamp.com/1234として登録しておきます。オフィスの中では「delta」を使うということが完全に了解されていれば、このページの情報を他人に伝えるとき「1234」という番号だけ伝えることによって、オフィスの人間が簡単にその情報にアクセスすることができるようになります。

扱うデータすべてに適切な名前をつけるのは面倒なものです。「戦略会議資料1.pdf」「戦略会議資料2.pdf」のようなよくわからない名前をつけるぐらいなら、「123.pdf」「124.pdf」

のように番号だけのファイルを作っておいて「123」が何を意味するかを別のところに書いておく方がマシでしょう。加えて自動に連番がふられるような仕組みを用意しておけばよいでしょう。

簡単にこのような情報共有ができれば、日常的な「コピペ」操作でも短いＩＤを活用できるようになります。普通のコピペ操作の場合、「コピー」操作をすると決まった領域に文字列がコピーされ、「ペースト」操作をすると同じ領域から文字列がコピーされることになりますが、ひとつの領域しか使われないので複数の文字列を同時にコピペすることができません。

例えば、あるウェブページのタイトルとＵＲＬの両方をコピペしたい場合、タイトルをコピペしてからＵＲＬをコピペしなければなりません。番号がついたコピペバッファを使うことができればタイトルを「１」にコピーし、ＵＲＬを「２」にコピーするといったことができるようになるでしょう。Gyampはこのような用途にも利用することができます。

＊185 http://www.geocities.co.jp/SweetHome-Ivory/6352/sub2/lough.html

＊186 Ian H. Witten, Alistair Moffat, Timothy C.Bell. Managing Gigabytes: Compressing and

Indexing Documents and Images, Second Edition (The Morgan Kaufmann Series in Multimedia Information and Systems). ISBN=1558605703

*187　JANコード、UPSコード

*188　International Standard Book Number

*189　10桁または13桁

*190　私のオフィスはデルタ棟という建物にあります。

＊番号利用のバリエーション

番号を使った情報管理にはいろんなバリエーションが考えられます。

●前述のGyamp.comを使った例では、「delta」のようなＩＤを決めて使う必要がありましたが、このようなＩＤは自動的に設定することが可能です。例えば、ＬＡＮ環境などから現在地情報を調べて、それをもとにしてＩＤを決めるようにすれば、自宅とオフィスで自動的に異なるＩＤを使うことができるでしょう。

●商品や書籍につけられているバーコードやＩＳＢＮはそのまま利用すればよく、http://Gyamp.com/(ISBN)/（ページ番号）のようなＵＲＬを使うことができます。

●あらゆる情報を番号で管理できるようになれば、メールにメッセージを記述する必要はほとんどなくなるかもしれません。メッセージ本体はネット上のどこかに置いておいて、「8番」「25番」「ははは」といったコミュニケーションができるようになるでしょう。
本節冒頭（P250）の話がジョークでなくなってしまうかもしれません。

現在のところ、メールに添付されたファイルが山のように飛び交っていることがまだまだ多いようですが、クラウド時代にはウェブ上に様々な文書や資料を置くことがあたりまえになるでしょうから、メッセージの肝心な部分は「留まる情報」（P155）としてネット上に置いた上で、「流れる情報」としてメッセージを送ることが普通になるかもしれません。メールと完全に同等に使おうとする場合、短い数字を使う方法にはセキュリティの問題が残りますから、適度なセキュリティを保ちつつ情報のやりとりを簡潔にする方法が重要になってきそうです。

*身の回りのものを番号で管理する

Gyampはネット上の情報を整理するのに便利ですが、身の回りのものを管理するのにも利用することができます。たとえばオフィスで無線ＬＡＮ接続のプリンタを利用しているとき、プリンタのＩＰアドレス、インクの型番や値段、マニュアルのような情報にアクセスしたくなります。このような情報はメーカのサイトやプリンタの設定を調べればわかりますが、調べるにはある程度時間がかかってしまいます。最近流行の拡張現実（ＡＲ）技術を駆使すれば、プリンタを見るだけでこれらの情報を知ることができるようになるかもしれません。しかし、近い将来にそのようなシステムを準備するのは難しそうです。

私はGyampを使って以下のように情報を管理しています。手順は以下のようになります。

●マシンに数字（例えば170）を書いておく
●そのマシンに関するあらゆる情報を書いたウィキページを用意する
●これをhttp://Gyamp.com/delta/170のようなＵＲＬに登録する

このようにしておけば、マシンの上に書いてある数字を利用してネット上のマシン情報に簡単にアクセスすることができます。数字をもとにネット上の情報にアクセスするやり方はバーコードでおなじみのものですが、バーコードは印刷するのも読み取るのも機械が必要なのに対し、ペンで数字を書くのは簡単ですし、数字は目で読むことができます。

ウェブページやＰＤＦを印刷したとき、印刷された紙からもとのＵＲＬや関連情報を知ることができなくなってしまいがちですが、紙に「1234」のような数字を書き込んでおいて、もとのＵＲＬをhttp://Gyamp.com/delta/1234に登録しておけば、もとの情報に簡単にアクセスすることができるようになります。

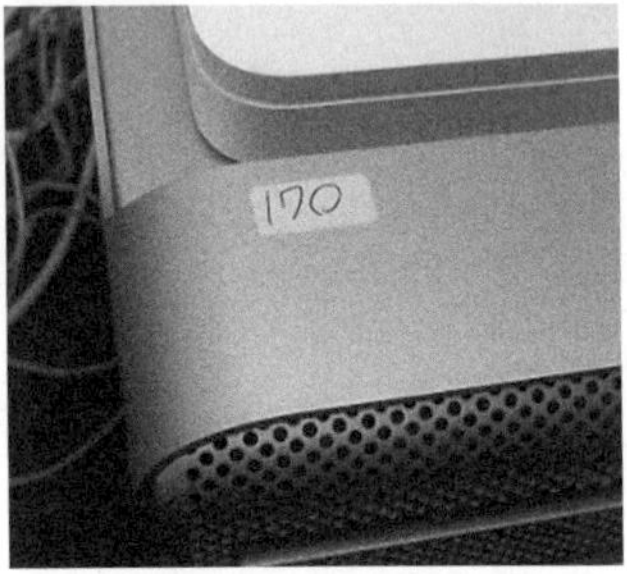

パソコンに貼り付けた数字

このように、数字を使って情報をhttp://Gyamp.com/場所の名前/番号に書いておくことにより、実世界の情報とネット上の情報を簡単にリンクさせることができます。また、同じ場所にいる人に対して「93番の資料が……」のようにして情報共有することができるようになります。

＊クリアファイル整理法

１９９３年ごろ、Ａ４の紙が入る封筒[*191]を使う「超整理法[*192]」という書類整理手法が話題になりました。超整理法とは、あらゆる書類を同じサイズの封筒に入れて棚に並べておき、取り出して利用したものは必ず一方の端に戻すという単純な書類整理法です。新しく使った順に書類が並ぶことになるので検索しやすい場合が多く、手間をかけずに書類の管理ができるのが利点です。現在もこの方法を利用している人は多いようですが、超整理法による書類の整理には以下のような問題があると私は感じています。

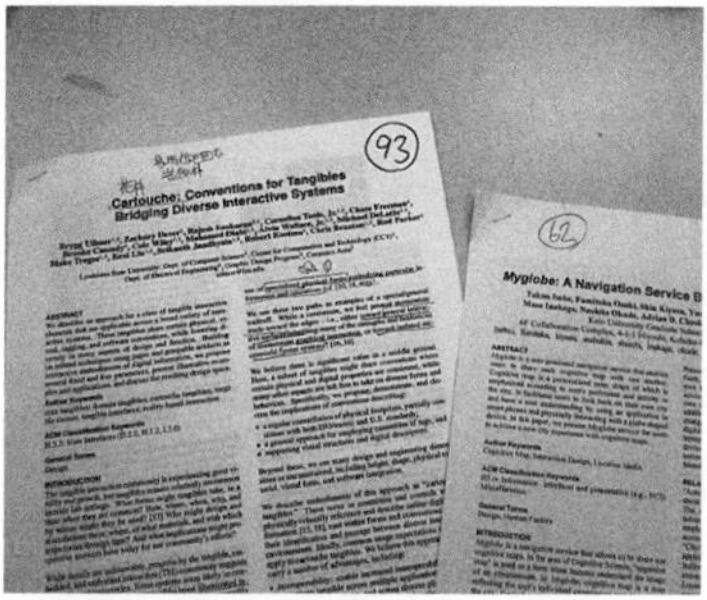

印刷物に書き込んだ数字

- 封筒にタイトルを書くのが面倒
- 封筒の中身が見えない
- あまり使わない古いファイルを捜すのに時間がかかる
- 古いファイルの存在を忘れて同じファイルを作ってしまう可能性がある
- 封筒のサイズ（角2サイズ）がA4より大きいのでA4書類用の棚で整理しにくい

コンピュータが充分普及した現在、以下のような方法でもっと単純に書類の管理ができるのではないかと思います。

●番号を書いたクリアファイルに書類を入れる
●クリアファイルを番号順に並べる
●番号と中身の対応をGyampに書いておく

この方法は非常に単純ですが、以下のようなメリットがあります。

●ファイルにタイトルやキーワードを書く必要がない（番号しか書かない）
●大きさがＡ４に揃っているのでＡ４用の棚や箱で整理しやすい
●クリアファイルは透明なので中身を確認しやすい
●テキスト検索すれば、どの番号のクリアファイルに何が入っているかすぐにわかる
●番号順に並んでいるので、番号がわかればすぐ書類がみつかる
●書類の属性などを沢山記述してかまわない（レシート／領収書／確定申告用／……）

「超整理法」の基本的な考え方を踏襲しながらIT技術を利用するこのような方法を導入したおかげで、私は書類を整理するのがとても楽しくなりました。

この方法を周囲に紹介したところ、次のような様々な意見をもらうことができました。もっともな懸念なのですが、実際に長年運用した経験において大きな問題になっていることはありません。

●番号と中身の対応を書くのが面倒ではないか。

↓確かに手間はかかるが、「超整理法」や「山根式袋ファイル」[*193]のようにファイルにペンでタイトルを手書きするよりもパソコン上でテキスト編集する方が私には楽である

●「超整理法」の場合は要らないファイルが端に溜まってくるが、この方法だと要らないファイルがわかりにくいのではないか。

↓棚が一杯になったら要らなそうなファイルを抜き出してしまえばいい。

●ソートするのが大変なのではないか。

↓新しく作成するファイルは一番端に置くだけなのでソートする必要はない。古いファイルを使った後で棚に戻す場合は番号の並びを気にする必要はあるがたいした手間ではない。

●場所を移動したいときどうするのか。
↓番号をつけなおせばいい

というわけで、現在は毎日沢山の書類をクリアファイルで整理中です。長年使い続けられるといいなと思っています。

＊191　広く使われている「角2」サイズ＝240mm × 332mm
＊192　野口悠紀雄『「超」整理法―情報検索と発想の新システム』中公新書、１９９３年 ISBN:4121011597
＊193　山根一眞『スーパー書斎の仕事術』文春文庫、１９８９年 ISBN:4167444402

6 安全と秘密

1　ユビキタス時代の認証技術

財布やポケットには鍵や各種のカードが沢山入っているものです。家の鍵、銀行カード、Ｓｕｉｃａ、クレジットカード、会員カード、学生証、社員証など、使う可能性のあるカードをすべて持ち歩いていると、財布やポケットが膨れ上がって困ります。

しかし考えてみると、これらのカードや鍵のほとんどは認証のために使われるものであり、本人であることを別の方法で確認できるのであれば持ち歩く必要がないはずです。様々なサービスで認証を行なうだけのために、沢山のデバイスやカードを持ち歩いていることになります。

鍵を持たずに外出したおかげで自宅から締め出されてしまったり、学生証や社員証を忘れたために面倒な経験をしたことがある人は多いでしょう。このような手間やトラブルは世の中全体では相当な量になっているはずですが、カードや鍵を忘れる方が悪いのだと思ってあきらめている人が多いために事態の改善が遅れているような気がします。しかし、サービスの数だけカードを持ち歩くような運用は限界に近付いています。ごく少数の認証装置を用いるか、まったく装置を使用しない認証方法が必要です。

ユビキタスなサービスの増加に従い、認証が必要になる機会も増えてきています。クレジットカードで商品を買うときはカードやサインで認証を行ないますが、最近はＳｕｉｃａが使える店や自動販売機が増えてきたためＳｕｉｃａなどで認証を行なう機会も増えてきました。ウェブサービスをどこでも利用できるようになってくると、認証が必要になる機会はさらに増えてくるでしょう。駅や街角のサイネージで個人情報にアクセスするようなサービスがあれば、利用するたびに認証が必要になります。

＊認証の方法

個人認証には現在以下のような手法が利用されています。

●利用者の所有物を利用する

鍵やカードやハンコを使う方法、特殊な認証デバイスを使う方法、指紋や虹彩《こうさい》、血管パタンなどを利用する生体認証もこの一種です。

●利用者の知識を利用する

パスワード認証や秘密の質問による認証は人間の知識を利用しています。

●利用者の能力を利用する

利用者だけが持っている技術や能力を使って認証を行なうことが可能です。歪んだ文字を読んで入力させることによって人間かどうかを判定するキャプチャ（P135）は人間の文字認識能力を利用する認証手法の一種です。

現在は鍵やカードのような持ち物を利用した認証が広く使われていますが、Ｓｕｉｃａリーダや錠のようなハードウェアが必要であることが多いうえに、持ち歩くのを忘れたり紛失したり盗まれたりする危険がつきまといます。

指紋や虹彩などの生体情報を利用する手法は便利な場合もありますが、認識のための特殊な機器が必要になりますし、パタンをコピーされてしまう危険も存在します。また、一度パタンを盗まれてしまうと、変更が不可能であることも大きな問題です。指先の状態を一度コピーされてしまったら、その後は指紋認証を利用できなくなってしまいます。

キャプチャの場合、「文字を読めるかどうか」で人間かどうかの判定を行ないますが、あらゆる人が自分の識別に充分な特殊な能力を持っているわけではないので、特殊な場合を除き、能力を認証に使うことは難しいでしょう。

私の場合、「聞いたメロディを即座に鼻歌と口笛の二重奏で再現する」といった変な特技を使える認証を利用したいところですが、こういう認証システムは私しか使えませんから商品化は期待できません。このため、現在のコンピュータ上では、パスワードのように利用者の知識を利用する手法が最も普及しています。

＊パスワード認証とその問題点

少なくとも現在のところは脳内情報を読み出すことはできませんし、特殊な装置を必要としないという点でパスワードの利用は便利です。長いパスワードを適切に運用すれば破ることも困難です。しかしパスワードには以下のように多くの問題点があります。

●適切なパスワードを選ぶのが難しい
●覚えるのに苦労するうえに忘れてしまうのは簡単である
●自動的に攻撃しやすい
●人間が安全に運用するのが難しい

●コピーが簡単
●文字入力装置が必要

パスワードを用いる認証方式は長年利用されているので、運用に関する多くの知見が存在します。システムを作成するときの注意点はよくわかっていますし、破られにくいパスワードの選び方や、他人に見られることなくパスワードを送る方法など、運用方法についても深く研究されており、正しい使い方をする限り安全な認証手法であることは証明されています。その一方、歴史が長いため、パスワードを破るためのノウハウも蓄積されており、普通に思いつく固有名詞を単純に利用するだけでは強度が不充分であることが知られています。そのため、単純なパスワードは登録できないような運用が行なわれていることもあります。

私の以前の職場のシステムは、私が思いつくあらゆるパスワード文字列について安全性が不充分だといって拒否するので、頭にきてパソコンのキーボードを鍵盤楽器に見たててメロディを弾くという「楽器手癖方式」でパスワードを設定するなど、無駄な努力をしていました。毎月のようにパスワードを変えろと要求するシステムも散見されますが、ユーザにとっては面倒このうえありません。

システムを安全に利用するために複雑なパスワードを考えかつ記憶する必要があるというのは、パスワードを用いる認証システムの本質的な問題ですが、システムの都合のために人間が難しいことを覚えなければならないという状況は天動説並みに間違っています。安全であるとシステムに認めてもらうためには、ランダムに近いパスワードを利用しなければなりません。しかし、そのようなものは記憶することが不可能なのでどこかにパスワードを書いておく必要があり、そのためにシステム全体の危険はかえって増大してしまう可能性があります。

マイクロソフト社のディネイ・フロレンシオらによる２００７年の大規模な調査によれば、ユーザは平均25個のサイトで６・５個のパスワードを利用しており、３カ月間にユーザの４・３％がパスワードを忘れていたということです。[*194] また２０１１年の野村総研の調査によれば、一般的なユーザがパスワード認証を行なうサイトは平均19・４個で、利用しているパスワードは平均３・１個だったということです。[*195] 多数のパスワードを記憶することが難しいので、かなり多くのユーザが同じパスワードを複数サイトで使い回しているのでしょう。

頭脳明晰な人がシラフのときしか安全に運用できないシステムはユニバーサル（P172）ではありませんし、パスワードを忘れてしまったユーザへの対応に追われるサービス提供者の頭痛も相当なものでしょう。某大学の計算センターでは、ユーザが1万人程度なのにもかかわらず、パスワード忘れによる再発行依頼が年間４００件も来ていると聞きました。パスワードを管理したり記憶したりするために膨大な手間がかかっていることに驚いてしまいました。

＊194 D. Florêncio and C. Herley. A large-scale study of web password habits. In Proceedings of the 16th international conference on World Wide Web, WWW '07, pp. 657-666,2007. http://doi.acm.org/10.1145/1242572.1242661

＊195 野村総合研究所『利用者登録する商品 サービスを選別する傾向が強まった生活者と顧客情報の鮮度維持を望む事業者～生活者と事業者を対象としたＩＤに関する実態調査』http://www.nri.co.jp/news/2012/120208.html

＊理想的な認証

理想的な認証システムは以下のような特徴を持つ必要があるでしょう。

●安全に運用できる

●簡単に利用できる
●どこでも使える
●安心感がある

指紋認証装置などの特殊な機器を利用せず、持ち物や特殊な能力も利用しないで認証を行なうためには、脳内の情報を利用するしかないと思います。パスワード認証は特殊な機械も能力も必要としないという点はいいのですが、覚えにくく忘れやすく攻撃しやすいことが問題です。新しくパスワードを考えて覚えるのではなく、絶対忘れないような個人の体験的な記憶を、攻撃しにくい形で認証に利用するのがいいと思います。

人間の記憶はいくつかの種類に分類できるといわれています。[*196] パスワードのような無機質な情報や、学校で習う数式のように学習によって収得するものは意味記憶と呼ばれ、忘れてしまう可能性が高いものですが、昔の友達の顔や、どこかに旅行に行った思い出のような体験的記憶はエピソード記憶と呼ばれ、時間がたっても忘れることがありません。

とくに自分が書いた文章、自分が描いた絵、自分が撮影した写真のように、自分を主張するために「ジマンパワー」（P16）を発揮したものの記憶はなかなか忘れるものではありません。工夫して撮影した写真や、思い出の人や場所などの写真についても同様です。忘れることのない体験的なエピソード記憶は誰もが持っているはずですが、このような記憶の多くは他人にはわかりません。またこのような情報は複製して伝えることも難しいので、個人の認証にもっとも適していると考えられます。

エピソード記憶そのものをパスワードのように文字列で表現することは難しいでしょうが、エピソード記憶に結び付いた画像を使って認証を行なったり、エピソード記憶に関連したなぞなぞを利用して認証を行なうことにすれば、負担の低い認証を行なうことができるでしょう。エピソード記憶を認証に利用する方法として、画像に関連した記憶を認証に利用する「画像認証」や、エピソード記憶にもとづいたなぞなぞ問題からパスワードを生成する「EpisoPass」（P280〜289で解説）などが提案されています。

＊196 http://www.navigate-inc.co.jp/term/term_tulving.html

2 画像認証

エピソード記憶を文章で表現して認証に利用しようとする場合、適切な文章を使ってエピソード記憶に関連した質問を行なう必要があります。認証作業を行なうときは、問題を解く前に文章を読んで理解する必要があるので、解くためには結構頭を使わなければなりません。「高校3年生のときの数学教師の名前は?」のような問題を出すことは可能ですが、このような問題のテキストを読んで内容を理解して解答するにはそれなりに頭を使いますし、時間もかかってしまいます。一方、件《くだん》の数学教師の顔を問題として出し、リストの中から正しい名前を選ぶような形式にしておけば、問題の理解にも解答にも時間がかかりません。泥酔して頭が回らないような状態でも利用できるでしょうから、よりユニバーサルだといえるでしょう。

このように、画像の記憶とエピソード記憶とは相性がいいと考えられるため、エピソード記憶にもとづいて画像を利用する認証手法が今後有力だと考えられています。パスワードによる認証は誰もが安心して簡単に使えるものではないため、日本セキュリティ・マネジメント学会[*197]の「誰でも安心して使えるパスワードの実現に向けて」という2011年の資料[*198]の中では、「文字によるパスワードが脆弱であることを踏まえ、本人にとって再認しやすい画像などを活用した電子的本人認証手法を広く利用する」という提言がなされています。

＊197　http://www.jssm.net/
＊198　http://www.jssm.net/jssm/anniver25_03.pdf

＊画像認証のいろいろ

画像を認証に利用する試みとして、以下のような手法が提案されています。

●複数の画像の中から画像を選択する方法
●画像の中の特定の位置を指定する方法
●画像に関連するキーワードを選択する方法
●画像に対して特殊な操作を行なう方法

画像認証の草分けといわれている「Déja Vù」システム[＊199]では、あらかじめ自分が選んだ画像を複数の画像の中から選択することによって認証を行ないます。ランダムに生成された数千のパタンの中から自分が好きなパタンをあらかじめ5個選んでおき、ログイン画面でそれを選択することによって認証を行なうようになっています。

Passfaces Corporation[*200] は Passfaces という認証手法を提案しています。Déja Vù の画像はエピソード記憶として記憶しづらいため、パタンのかわりに人間の顔を記憶するようにしています。

VisKey[*201] は、画像を選択するのではなく画像の中の点をタップすることによって認証を行なうシステムです。あらかじめタップする位置を決めておき、正しい位置をタップしたとき

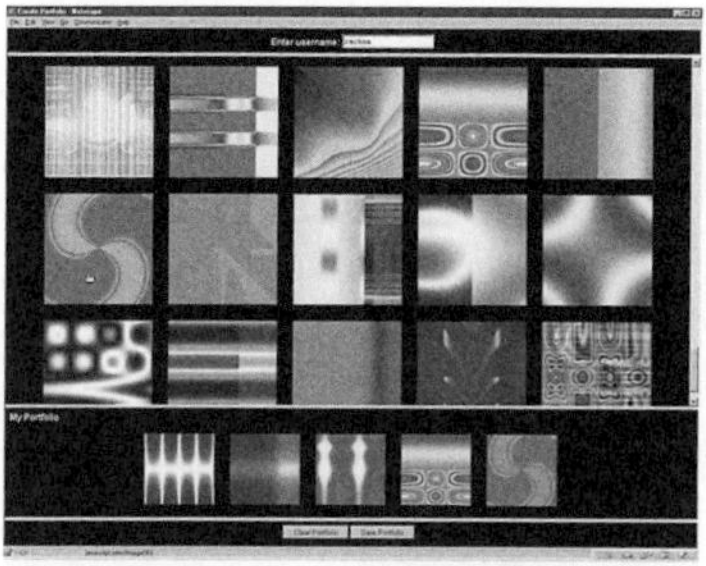
Déja Vù

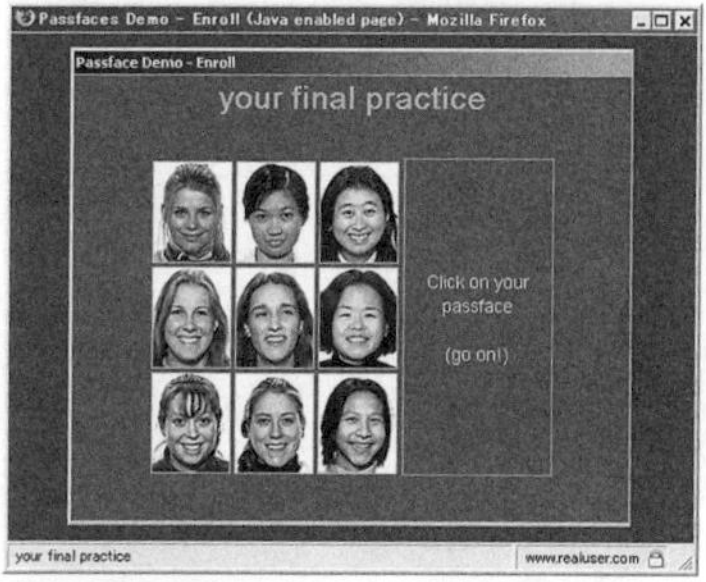

Passfaces

VisKey

だけ認証が成功します。前ページの図ではイルカの鼻先を順番にタップしたときに認証が成功するようになっています。

私が運営する本棚.orgでは、登録した画像に関連する単語を選択することによる認証を採用しています。図は「Leikoの本棚」で登録されている画像なぞなぞ認証の画面です。それぞれの画像に対して候補単語がリストされており、正しいものを選択すると認証が成功して編集が可能になります。この画像が何を意味するものなのか他人にはまったく想像ができませんが、登録した本人のエピソード記憶にもとづいているため忘れることはないのだということでした。

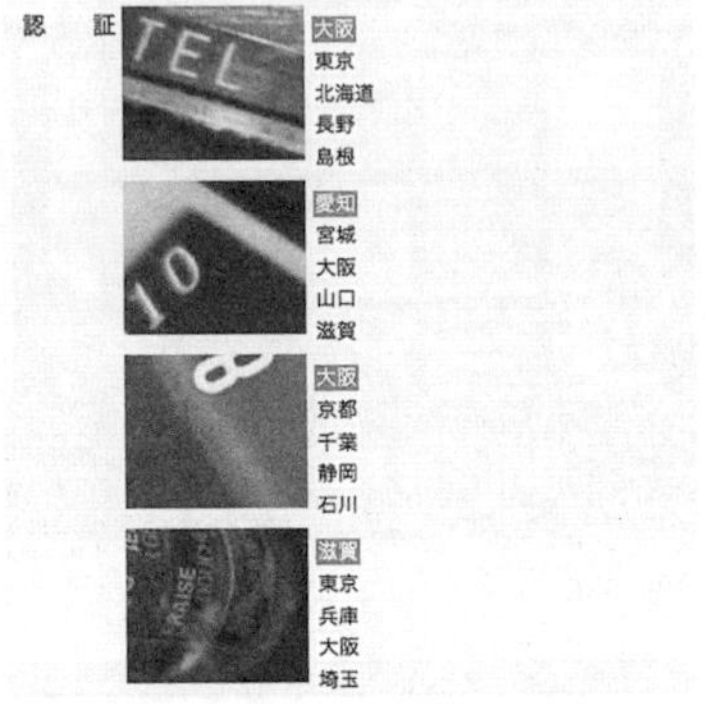

本棚.org

＊199 Rachna Dhamija and Adrian Perrig. Déjà Vu: A User Study Using Images for Authentication. In Proceedings of 9th Usenix Security Symposium, August 2000. https://www.usenix.org/legacy/events/sec00/full_papers/dhamija/dhamija_html/usenix.html

＊200　http://www.passfaces.com/
＊201　http://www.sfr-software.de/cms/EN/pocketpc/viskey/

＊覗き見攻撃とその対応

画像を選んだり画像の中の点を指定するなど、認証作業をしているところを他人に後ろから見られると情報が漏れてしまいます。ユビキタス環境において画像認証を用いると、このような「覗き見攻撃」(shoulder hacking) が問題になる可能性があるので、覗き見されても問題がない画像認証手法が研究されています。

例えば、自分が覚えている画像を直接タッチ選択するかわりに、その周囲の画像をタッチすることによってどれが記憶された画像なのかわかりにくくするといった方法や、画像を覚えるかわりに画像のカテゴリを記憶しておいて、カテゴリにマッチする画像を選択することによって認証する方法などが提案されています。

一方、そういった手間が必要なのであれば、手軽に使えるという画像認証の利点が失われてしまうともいえます。見えないところで画像の点をポイントするのは難しいかもしれませんが、画像や文字を選択するだけなら触覚を頼りにボタンを押したりすることはできるでしょう。衆人環視のもとで認証を行なう必然性はありませんから、操作しているところが他人に見えないように工夫すればよいでしょう。

3　エピソード記憶からパスワード生成

前節（P274）で紹介した画像認証は将来的には可能性があるものの、現存する大手サービスがすぐに画像認証を導入することは考えにくく、ほとんどのシステムやサービスでは今後もパスワードが使い続けられることが確実なので、パスワードを管理するための工夫はどうしても必要でしょう。

安全な長いパスワード文字列を記憶しておくことは困難です。複数のサービスを利用する場合はサービスごとに異なるパスワードを利用することが望ましいと考えられていますし、パスワードは定期的に更新することが望ましいとも考えられていますが、沢山の長いパスワード文字列を頭の中に覚えておくことはほとんど不可能だといえるでしょう。

そもそも人間は、どんな情報であれ、新しく覚えた情報は忘れてしまう可能性が高いので、新しく考えたパスワード文字列を記憶して認証に利用するやり方には本質的に無理があります。異なるパスワードをすべて記憶することが不可能なのであれば、パスワードをどこかに記録しておく必要があります。しかし、パスワード文字列をそのまま印刷したりファイルに書いておいたりするのは危険なので、複数のパスワードを秘密情報として扱うための「パスワード管理システム」が最近よく利用されています。

パスワード管理システムは、ひとつの「マスターパスワード」を利用して複数のパスワードを管理するもので、暗号化されたデータベースにパスワードを格納する1Password[＊202]、Dashlane[＊203]、LastPass[＊204]のようなシステムや、サービス名をもとにマスターパスワードを変換することによって複数のパスワードを生成するSuperGenPass[＊205]のようなシステムがあります。

パスワード管理システムを使うと多数の強力なパスワードを簡単に運用することができるので便利ですが、マスターパスワードを盗まれたり忘れたりすると困りますし、システムを使える環境でないとパスワードを利用できないという制約もあります。ウェブ上のパスワード管理サービスであればどこでもブラウザ経由で利用することができますが、他人のサイトにパスワード管理をまかせてしまうのは心配かもしれません。

*202 https://agilebits.com/onepassword
*203 https://www.dashlane.com/
*204 https://lastpass.com/
*205 http://supergenpass.com/

*パスワードを覚えるかわりに生成する

人間は新しく覚えた情報を必ず忘れるものであるならば、新しいパスワードを考えたり覚えたりする努力は不毛でしょう。一方、忘れることがないエピソード記憶を誰もが持っているのであれば、そのようなものを利用してパスワードを生成する方が妥当に思われます。そういうアイデアにもとづいて、忘れる可能性が低いエピソード記憶からパスワードを自動生成するシステム「EpisoPass」*206を、私は開発して運用しています。EpisoPassは、ユーザが忘れることがない個人的なエピソード記憶をなぞなぞ問題の形で表現し、それに対する答の選択を文字列に変換することによって安全なパスワード文字列を生成するシステムです。EpisoPassでは以下のような手順でパスワード文字列を生成して利用します。

1　パスワード生成の「種」となる文字列（シード文字列）を用意する。例えば英数字パスワードを要求するABCというサービスがある場合、「ABC123」のような文字列をシード文字列として使う。

2　忘れることがない個人的なエピソード記憶にもとづくなぞなぞ問題を複数作成し、それぞれについてひとつの正答と複数の偽答を用意する。自分だけが答を知っている問題を使う。

3　質問と回答の組にもとづいてシード文字列中の文字を別の文字に変換し、すべての問題に正しく回答したとき生成される文字列をパスワードとして利用する。例えば正しく回答した場合だけ「ABC123」が「XYZ987」に変換され、誤答した場合は別の文字列に変換されるとすると、「XYZ987」をパスワードとして登録する。

4　パスワードを記憶する必要はない。なぞなぞ問題は紛失しない場所に記録しておく。

＊206　http://EpisoPass.com/

＊EpisoPass 利用例

次ページの図は、私がツイッターのパスワードを生成するためにブラウザでEpisoPass

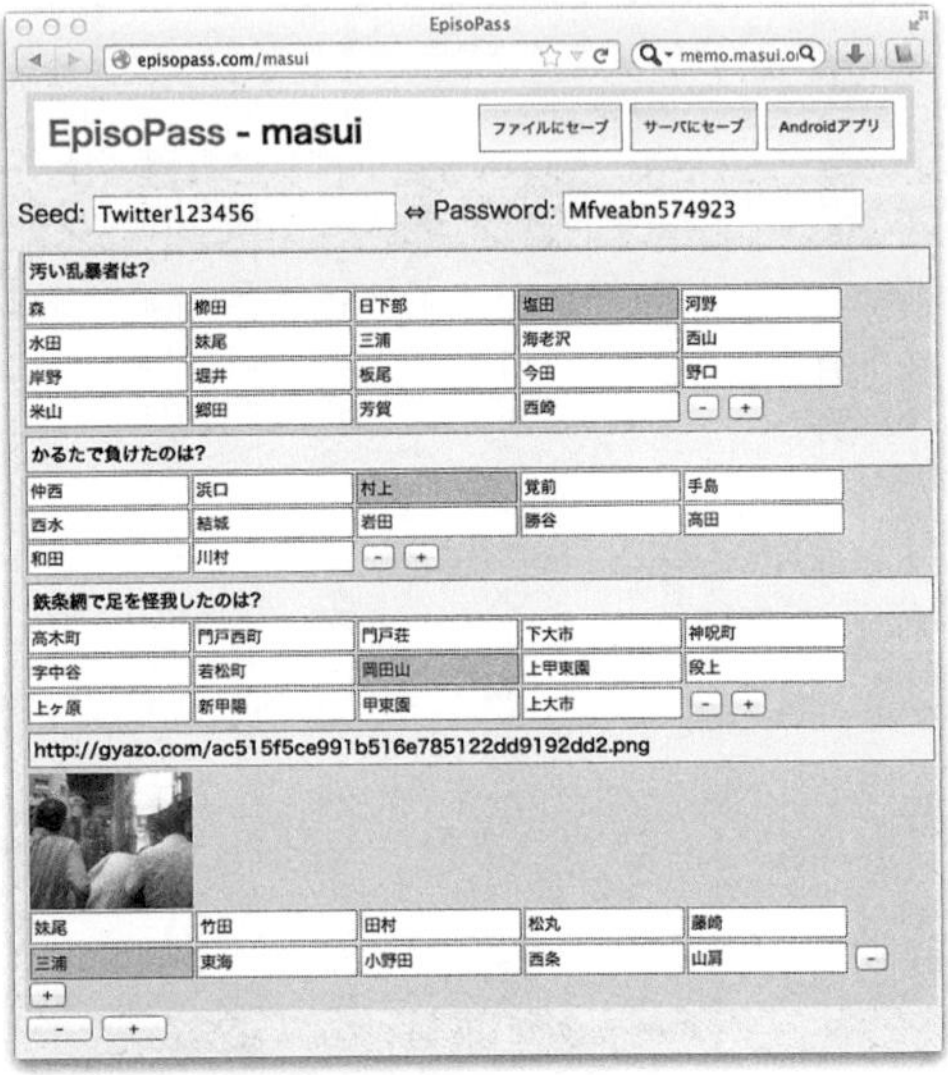

EpisoPass 利用例

を利用しているところです。[207]

シード文字列としてここでは「Twitter123456」という文字列を指定しており、4個の秘密の質問に対する回答選択に応じて「Mfveabn574923」のようなパスワード候補が生成されます。[208] 異なる答を選択したり異なるシードを指定するとまったく異なる文字列が生成されます。シード文字列の8文字目が数字である場合はパスワードの8文字目も数字になるなど、シード文字列の文字種に対応したパスワード候補が生成されます。

最初の秘密の質問は私の小学校の同級生に関するもので、最後の写真に関する質問は数年前の忘れがたい体験に関するものです。

これらの質問は私の古いエピソード記憶にもとづいており、私が答を忘れることはほとんど考えられませんが、私以外がこのような質問に答えることは難しいので正しいパスワードを得ることはできないと思われます。

Facebookのパスワードを計算

秘密の質問と答はブラウザで編集でき、右上の「サーバにセーブ」ボタンを押すことによってシード文字列、秘密の問題、答のリストがEpisoPassサーバにセーブされます。「ファイルにセーブ」ボタンを押すとなぞなぞ問題のデータをパソコンにダウンロードでき、パソコン上の問題データをブラウザにドラッグ&ドロップするとサーバにアップロードできます。ユーザはどれが正答かを指定するわけではないので、問題データを見てもユーザのパスワードはわかりません。

シード文字列を「Facebook123456」に変更すると、生成されるパスワードは次の図のように変化します。このように、サービスごとに異なるシード文字列を利用することによって様々なパスワードを簡単に生成できることになります。

定期的にパスワード変更を求められるシステムでは、「利用時期は?」という質問に対して「1月」「2月」のような答を用意しておけば、時期を選択することによってパスワードを変更することができます。

＊207 http://EpisoPass.com/masui/Twitter123456
＊208 実際の運用では安全のためもっと沢山の質問を利用しています。

＊ EpisoPass アプリ

episopass.com を利用する場合、ブラウザとサーバとの間の通信を記録されたり盗み見されたりする心配を完全に払拭することはできません。パスワードはブラウザ内部でJavaScript により生成されるので、一度ページを表示した後はネットワークを遮断してもパスワード計算を行なえるようになっていますが、最初からまったく通信を行なわずにパスワードを作成できる方がより安心でしょう。このため、通信をまったく行なわずにマシン単体でパスワード計算を行なうためのアンドロイドアプリを用意してあります。前ページ画像の右上の「Android アプリ」ボタンを押すと、現在表示している秘密の問題と答を内蔵したアンドロイドアプリがサーバ上でビルドされてダウンロードされます。

回答入力とパスワード計算はアンドロイド端末で実行されるため、端末を「機内モード」に設定したりしてネットワーク接続を完全に遮断した状態でもパスワードを計算することができます。EpisoPassをインストールしたアンドロイド端末を持っていれば常に各種のパスワードを計算できるので、パスワードを覚えていなくてもネットカフェなどからツイッターやフェイスブックにログインできます。

＊EpisoPassの安全性

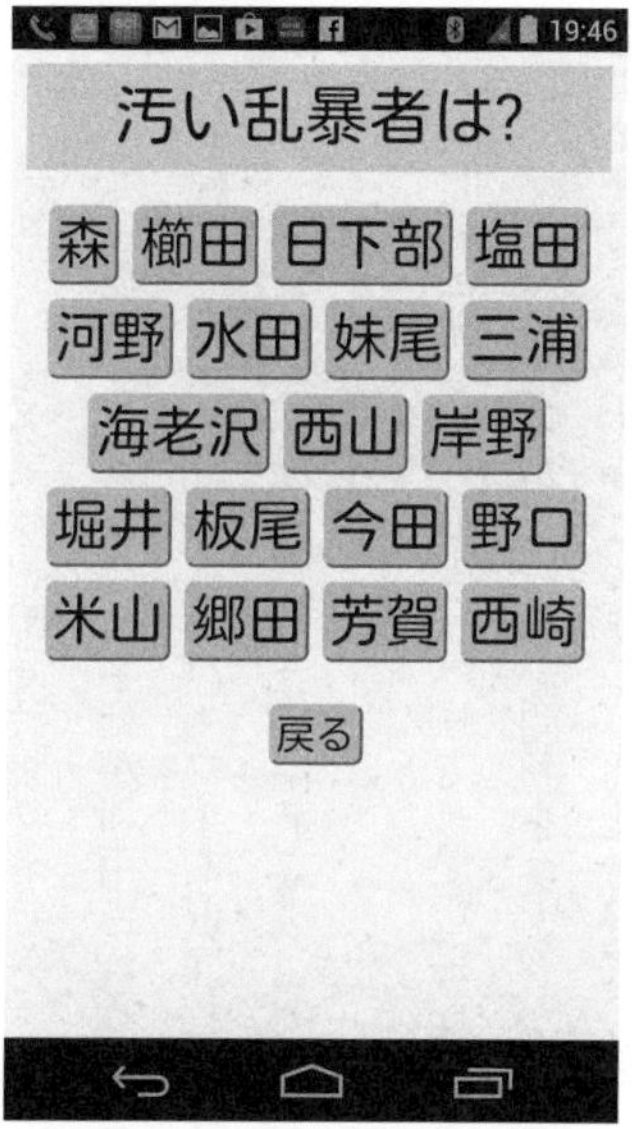

EpisoPassのアンドロイドアプリ

パスワードは長年利用されているため強度や実際の運用に関して多くの研究が存在しますが[*209,210]、秘密の質問の強度に関しては充分な研究が行なわれていません。EpisoPassで選択肢が10個の秘密の質問を8個使用する場合、総当たりでパスワードを生成するには1億通りの試行が必要です。英字からランダムに8文字を並べてパスワードを作ればもっと強力にはなりますが、実際には完全にランダムな文字列が利用されることは少ないので、秘密の質問と選択肢の数を10個程度用意すれば通常のパスワードと同程度の強度が期待できることになります。

一方、秘密でない問題を設定してしまうと、簡単に解かれてしまう可能性はあります。「母親の旧姓は?」や「最初に飼ったペットの名前は?」のようなありがちな問題を使うと、他人が簡単に調べたり推測したりできてしまうので、パスワードよりも脆弱になってしまうでしょう。他人に解かれにくい問題をユーザが作成するのは面倒ですが、次のような方針で適切な質問を選ぶことによりこの問題を解決できるでしょう。

まず、以下のような性質をもつ記憶は秘密の質問として利用すべきではありません。

●自慢になるもの(何かの機会にうっかり他人に話してしまう可能性がある)
●ネット上に記録が残っているもの(検索すればわかる)
●他人と情報を共有しているもの(人に聞けばわかる)
●趣味や嗜好に関連するもの(他人に推測されやすいうえに嗜好が変化する可能性がある)

一方、「わざわざ人に話すことはないが自分の記憶に強く残っているような無難なエピソード記憶」を秘密の質問として利用すれば安全でしょう。具体例としては以下のようなものが考えられます。

- ●昔のちょっとした怪我の場所や種類
- ●昔のちょっと悔しい思い出
- ●昔何かをみつけた場所
- ●昔よく行っていた場所

例えばP282の3問目「鉄条網で〜」のような経験は他人に話したことがありませんが、痛い思いをしたことは忘れませんし、偽答の地名を並べるのも簡単なので、認証のための秘密の質問として適切であると思われます。

＊209　E. Hayashi and J. Hong. A diary study of password usage in daily life. In Proceedings of the

SIGCHI Conference on Human Factors in Computing Systems, CHI '11, pp. 2627-2630, 2011. http://dl.acm.org/citation.cfm?id=1978942.1979326

＊210 S. Komanduri, R. Shay, P. G. Kelley, M. L. Mazurek, L. Bauer,N. Christin, L. F. Cranor, and S. Egelman. Of passwords and people: measuring the effect of password-composition policies. In Proceedings of the SIGCHI Conference on Human Factors in Computing Systems, CHI '11, pp. 2595-2604,2011. http://dl.acm.org/citation.cfm?id=1978942.1979321

＊認証システムの展望

サービス提供者がパスワードより有望な認証システムを思いついたとしても、それを採用したことが原因となってクラッキングが発生する危険を考えると、新しい認証システムを迂闊に採用する気にはならないと思われます。パスワードを利用するシステムは沢山存在するので、それを利用している限りサービス提供者やシステム開発者に責任問題が発生することはありません。パスワードの不便さに誰もが憤死しようとも、別の方式に取って代わられる日は遠そうです。やはり、まったく新しい画像認証のような手法が主流になる時代がすぐに来るとは考えられません。

一方、EpisoPass のようなパスワード管理システムを利用することによってパスワードの欠点を軽減することは可能でしょう。パスワード認証というインフラの上に、自己流の認証手法をパスワードに変換して使う手法がこれから有望だろうと思います。

4　秘密情報の管理

人に見られたくない秘密の情報をパソコンで扱いたいことはよくあります。怪しげな動画の扱いには注意がいりますし、秘密の日記や悪口や愚痴の類も同様です。秘密の研究計画や帳簿、人事考課のような情報も他人に見られると困ります。パソコン上ではこういった微妙なデータも普通のデータもファイルとして扱うのが普通ですが、秘密のファイルを扱うのは結構面倒なものです。

ＭａｃＯＳのようなＵＮＩＸベースのシステムでは、あらゆるファイルに対して読み書きの権限が定義されており、他人からの読み書きを許可したり禁止したりできるようになっていますが、ひとりで使うノートパソコンなどではこのような保護はほとんど意味がありません。また、ファイルの属性を設定することによってファイルが見えないようにすることもできますが、このような設定は簡単に解除できますから本当に秘密のファイルを扱うのには適当ではありません。

ファイルを真剣に隠すためには、置き場所を工夫したり、暗号化を行なったりする方法もありますが、置き場所やパスワードを忘れてしまったりすると大変です。最近は、特殊な装置やUSBメモリをパソコンに装着したときだけ秘密のファイルが見えるようになるシステムも販売されています。この方法であれば、秘密のファイルを扱うために秘密のコマンドやアプリケーションを利用する必要がなく、装置を持ち歩くだけでよいので便利ですが、鍵となる装置を紛失したり盗まれたりする危険があるので心配です。

＊秘密状態を明示する

置き場所を工夫する場合でも、鍵などを利用する場合でも、秘密のファイルを扱うのには気を遣うものですが、秘密のファイルを扱っていることが周囲の人間にわからない場合、余計なトラブルが生じる可能性があります。

秘密のファイルを編集中の人のそばを通りかかると、その人は驚いてバタンとパソコンを閉じてしまうかもしれませんが、こういう事態は両者にとって気分がいいものではないでしょう。大事な秘密ファイルを編集していることがあらかじめわかっていれば、近付かないように注意することができるはずです。パソコンを使って何をしているのかが遠目にわからないという特徴は、内職には便利ですが、このような場合はトラブルの原因になる可能性もあります。秘密の作業を行なっているときはそのことが外部にわかるようになっていればトラブルが減るかもしれません。

「じっくりとあっさり」（P65）で紹介した気合いブックマークと同じような仕組みを使い、外部から識別しやすい記号を利用して秘密状態を制御するようにすれば、秘密を扱う人も周囲の人もストレスが減るでしょう。図は、はこだて未来大学の塚田浩二氏が作った「秘密ディスプレイシステム」で、ノートパソコンのディスプレイの傾きによって秘密の具合を制御しています。最初の状態（上図）ではディスプレイは充分開いているので、ディスプレイには上のような平凡な画面が表示されています。

少しディスプレイを閉じ気味にすると、次ページの図のように個人情報を示すアイコン

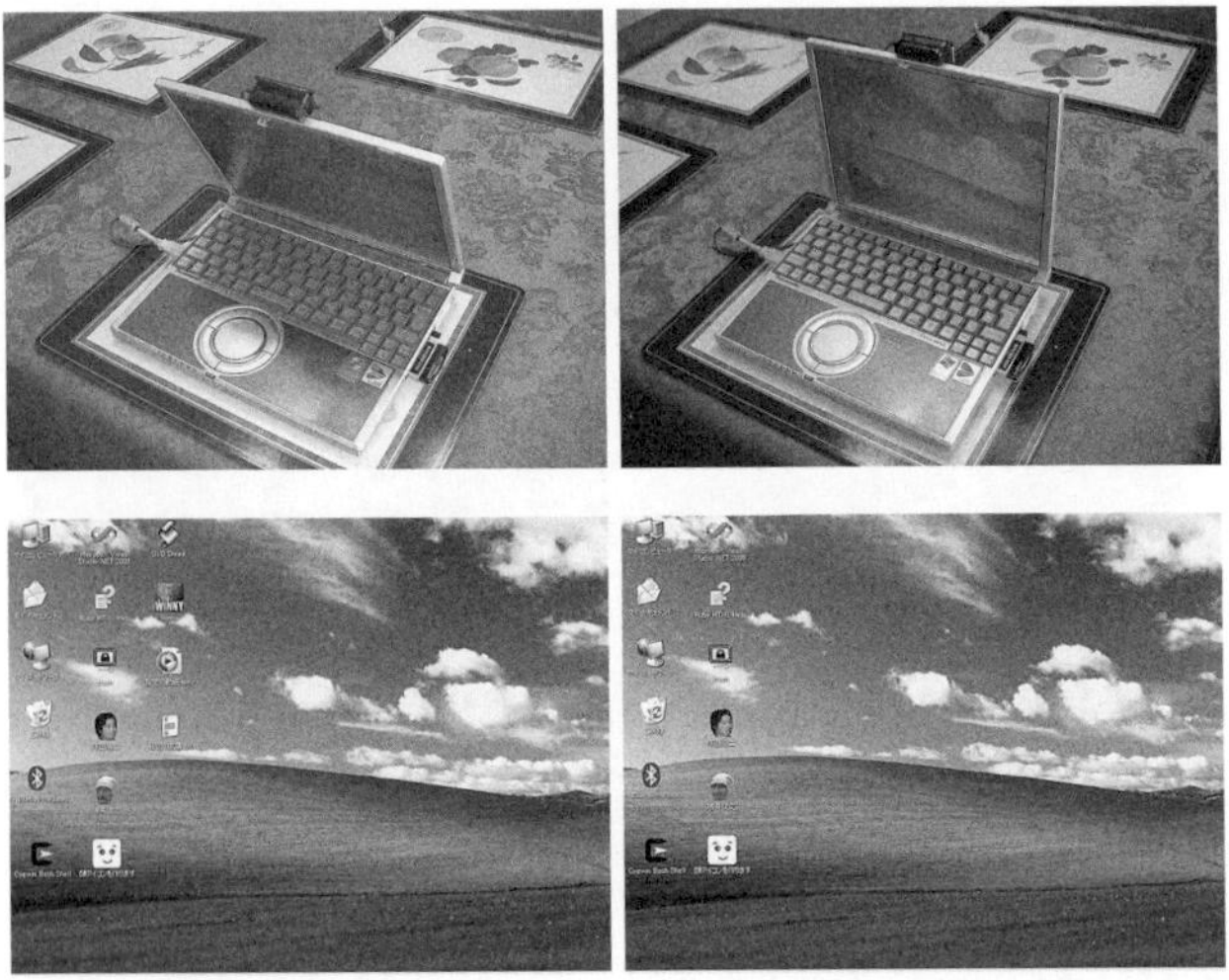

も表示されるようになります。

さらに傾けると、ファイル共有ソフトや秘密動画のアイコンが表示されます。

ディスプレイを閉じ気味にして秘密っぽく仕事をしていればわざわざ覗きに来る人は少ないでしょう。

秘密情報を管理するためのファイル暗号化システムなどは現在多くのＯＳに搭載されていますが、現状の認証システムと同じような使いにくさがあるためか、あまりポピュラーにはなっていません。普通の生活において他人のプライバシーを気にするのと同じぐらいの感覚で、自分や他人の秘密情報を尊重できるようなシステムが普及してほしいものです。

5　森の中に木を隠す

パソコンからウェブの各種サービスを利用する場合、パスワード、クレジットカード番号、購買履歴など様々な秘密情報を扱うことになりますが、こういった情報を普通のファイルに書いておくと、何かの機会に他人にみつかってしまう可能性がありますから、何らかの方法で隠しておく必要があります。

前節（P291）のように、特殊な装置を使えば秘密状態を管理することができます。このような装置は鍵のような感覚で利用することができるので手軽ですが、鍵と同様の厳重な管理が必要ですし、データのバックアップなどにも注意が必要です。秘密ファイルは普段は見えないわけですから、自動的にバックアップすることはできないでしょうし、間違って消してしまってもしばらく気付かないかもしれません。また、秘密データはネットワーク上に置くことができませんし、自分が使うあらゆるマシンで正しく動くようにするのは大変でしょう。

特殊な装置を使わず、一般的な暗号化アルゴリズムを利用すれば、データをどこに置いてもかまいませんし、バックアップ関連の問題も減ると思われますが、暗号化されたデータの存在がバレてしまうと解読アタックを受ける可能性があります。

手軽に秘密情報を安全に扱うためには、以下のような要件を満たす必要がありそうです。

●特殊なハードウェアを必要としない
●他人にみつかりにくい
●他人にみつかっても困らない
●他人には解読できない
●置き場所や存在そのものを忘れない
●誤って消してしまうことがない

私の場合、「忘れる技術」（P28）が大得意なので、秘密情報を隠したことを忘れないようにすることは非常に大事です。

＊ステガノグラフィ

暗号化したことがわからないように秘密データを普通のデータの中に埋め込む手法をステ

ガノグラフィと呼びます。普通の暗号と異なり、データが隠されていること自体を隠してしまうため、解読の危険に晒される危険が少ないと考えられています。

もとのデータに重ねる形で秘密データを書き込むため、秘密データのサイズをあまり大きくすることはできませんが、パスワードやクレジットカード番号のように秘密データのサイズが小さい場合、写真データのような大きなファイルに埋め込んでしまえばうまく秘密データの存在を隠すことができます。秘密データを隠す対象としては動画・画像・音楽のような、サイズが大きくどこにでもあるデータを利用するとよさそうです。

デジカメなどで標準的に使われているＪＰＥＧ画像ファイルにデータを隠すことができるJPHIDE[*211]およびOutGuess[*212]というシステムを使って、私の写真に秘密情報を埋め込んでみました。次ページの（1）がもとの画像です。

（3）と（4）は同じデータを同じ画像に埋め込んだ結果ですが、JPHIDEの方が画像の劣化が小さいようです。パーソナルな写真や動画に秘密情報を埋め込んでおくことにすれば、前述の条件をうまく満たすことができます。デジカメ写真フォルダ内のデータは滅多に消すことはないでしょうし、注意してバックアップするのが普通です。また家族や他人に見られて困ることはありません。秘密情報を埋め込んだことを忘れてしまう可能性はありますが、それを忘れてしまうようならばたいした秘密情報ではないでしょう。どの写真が秘密情報を含むものかを忘れた場合は、手持ちのすべての写真に対して復号を試みてみればよいでしょ

（1）オリジナルのJPEGデータ（133×155ピクセル／5654バイト）

（2）JPHIDEで円周率の先頭40桁（“3.1415...”）を埋め込んだもの（5322バイト）

（3）JPHIDEで円周率の先頭200桁を埋め込んだもの（5326バイト）

（4）OutGuessで円周率の先頭200桁を埋め込んだもの（5408バイト）

う。

ステガノグラフィを使って秘密を隠す方法は現在あまりポピュラーではありませんが、潜在的なニーズは多いと思います。JPHIDEやOutGuessはあまり使いやすいとはいえないのですが、インタフェースを改良した使いやすいものがあれば、ちょっとした秘密の管理に便利でしょう。

＊211 http://nixbit.com/cat//security/jphs/
＊212 https://packages.debian.org/ja/squeeze/

6 情報隠蔽

「誤魔化す」という言葉には悪いイメージがありますが、「情報隠蔽」というと多少聞こえがよくなるかもしれません。前節（P294）では普通の画像やテキストの中に秘密情報を隠すステガノグラフィという技術を紹介しましたが、これは内容を誤魔化すことにより秘密を守る技術の一例といえるでしょう。

＊公開情報を隠す技術

非公開の秘密情報は、普通に暗号化したりステガノグラフィを利用したりして隠すことができますが、いったん表に出てしまった情報を後から隠すのはなかなか大変です。流出したデジタル情報そのものを消すことは不可能ですから、何らかの方法によってその情報の内容を誤魔化す方法が必要になります。この場合、正しい情報と似て非なる情報を大量に提供する「狼少年メソッド」を使えば、どれが正しい情報なのか判別不能にすることができます。

例えば、内容に問題があるメールを間違って送ってしまった場合、内容が少しずつ違うメールを大量に送りつければ、どれが最初のメールなのかわからなくなってしまうかもしれません。また、パスワードを漏洩してしまった場合は、異なるパスワードを同じように漏洩させてしまえば、悪用される危険が減るかもしれません。

文字を隠したいときは別の文字を上書きするのが効果的です。上の「増井」のような文字を手っ取り早く隠したい場合、斜線を引いたりするよりも、下のように別の文字を上書きする方が読みにくくなります。

文具用品のプラスステーショナリー株式会社は、葉書などに印刷された住所や名前のような個人情報を読めなくするためのケシポン[*213]というスタンプを販売しています。ケシポンは①のようなパタンをもつスタンプです。

①

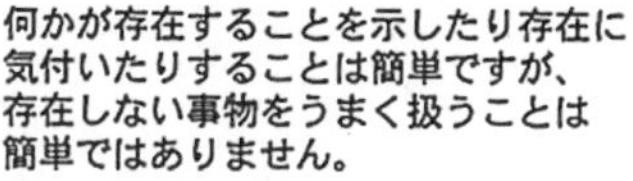
何かが存在することを示したり存在に
気付いたりすることは簡単ですが、
存在しない事物をうまく扱うことは
簡単ではありません。
②

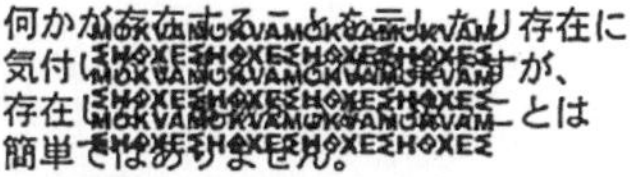
③

④

②のような文字の上にケシポンを押すと③のようになり、確かに文字がかなり読みにくくなることがわかります。

一方、前述の「増井」という文字の上にケシポンを押した場合は④のようになりますが、この場合は目を細めると読めてしまうでしょう。大きさや字体が隠したい文字に似ているものを選ぶ必要があるようです。

＊213　http://bungu.plus.co.jp/sta/product/office/keshipon/

＊記憶を誤魔化す

世に出た情報はこのような撹乱《かくらん》戦術で誤魔化すことができますが、自分の頭の中の情報を消すには忘れてしまうのが一番です。幸い私は忘却力にはかなり自信があり、放っておけば大事なことでもすぐに忘れてしまいますから、これらについて気をつけるだけで嫌な記憶に悩むことはほとんどないのですが、私ほど忘却力を持たない人でも、「忘れる技術」（Ｐ28）を活用すれば、努力によって何かを忘れることは可能でしょう。各種の誤魔化す技術を活用することにより、困った情報も嫌な記憶もクリアして、悩みのない生活を送りたいものです。

増井俊之（ますいとしゆき）

1959年兵庫県生まれ。博士（工学）。東京大学大学院工学系研究科電子工学専攻修士課程修了後、富士通、シャープ、カーネギーメロン大学客員研究員、ソニーコンピュータサイエンス研究所、独立行政法人産業技術総合研究所、米アップル社などを経て、2009年より慶應義塾大学環境情報学部教授。情報視覚化、情報検索、例示／予測インタフェース、テキスト入力システム、実世界指向プログラミング、実世界指向GUIなど、ユーザインタフェースに関連する各種の研究を行う。携帯電話に搭載される日本語予測変換システム「POBox」や、iPhoneの日本語入力システムの開発者として知られる。

スマホに満足《まんぞく》してますか？　ユーザインタフェースの心理学《しんりがく》

2015年2月20日初版1刷発行

著　者 ── 増井俊之
発行者 ── 駒井　稔
装　幀 ── アラン・チャン
印刷所 ── 堀内印刷
製本所 ── 榎本製本
発行所 ── 株式会社光文社
東京都文京区音羽1-16-6（〒112-8011）
http://www.kobunsha.com/
電　話 ── 編集部03(5395)8289　書籍販売部03(5395)8116
業務部03(5395)8125
メール ── sinsyo@kobunsha.com

JCOPY〈(社)出版者著作権管理機構 委託出版物〉
本書の無断複写複製（コピー）は著作権法上での例外を除き禁じられています。本書をコピーされる場合は、そのつど事前に、(社)出版者著作権管理機構（☎03-3513-6969、e-mail : info@jcopy.or.jp）の許諾を得てください。

本書の電子化は私的使用に限り、著作権法上認められています。ただし代行業者等の第三者による電子データ化及び電子書籍化は、いかなる場合も認められておりません。

落丁本・乱丁本は業務部へご連絡くだされば、お取替えいたします。
© Toshiyuki Masui 2015 Printed in Japan

ISBN 978-4-334-03845-8

光文社新書

728
ギャンブル依存国家・日本
パチンコからはじまる精神疾患
帚木蓬生

日本人のギャンブル依存有病率は、なんと4・8%、536万人にのぼる（厚労省発表）。ギャンブル障害の実態と利権構造を徹底追及し、ギャンブル漬けの日本に警鐘を鳴らす！

978-4-334-03831-1

729
守備の力
井端弘和

ドラフト5位の小柄な選手が17年間やってこれた理由とは？守備の極意をはじめ、イメージを覆す打撃論も披露。最強軍団でもレギュラーを目指し、挑戦をやめない名脇役の野球論。

978-4-334-03832-8

730
死体は今日も泣いている
日本の「死因」はウソだらけ
岩瀬博太郎

犯罪見逃しや死因判定ミスが止まらない日本。その一因は旧態依然の死因究明制度にある。解剖、CT検査、DNA鑑定など法医学者の仕事に迫り、知られざる社会問題をあぶり出す。

978-4-334-03833-5

731
やきとりと日本人
屋台から星付きまで
土田美登世

やきとり屋でなぜ豚・牛もつが出てくるのか？驚きの歴史を知り、屋台から老舗、一つ星まで、北海道から九州まで、多種多様なやきとりを味わう。全国70軒のお店を紹介！

978-4-334-03834-2

732
化学で「透明人間」になれますか？
人類の夢をかなえる最新研究15
佐藤健太郎

新しい物質を創り出せる唯一の分野「化学」の世界では、今どんな研究がどこまで辿り着いているのか…美、長寿、モテから病気の治療、薬、金・ダイヤ、宇宙旅行や環境分野まで紹介。

978-4-334-03835-9

733
外資系コンサルの知的生産術
プロだけが知る「99の心得」
山口周

論理思考やフレームワークなどの「思考の技術」を学んでも、仕事がうまくいかないのはなぜ？　成果を出し続ける人だけが知っている、「知的生産の技術」＝「行動の技術」。

978-4-334-03836-6

734
パリの美術館で美を学ぶ
ルーブルから南仏まで
布施英利

パリ1区からはじめ、郊外、さらに南仏へとつなげる美術館巡りの旅。一度は見たい名画や中世美術、20世紀アート、画家のアトリエまで、何をどう見るか、そのポイントを教える。

978-4-334-03837-3

735
「赤ちゃん縁組」で虐待死をなくす
愛知方式がつないだ命
矢満田篤二
萬屋育子

産みの親が育てられない新生児を家庭につなぐ「赤ちゃん縁組」。生後0日の虐待死や施設養育による愛着障害を防ぐため、30年前に愛知県の一職員が始めた注目の取り組みを紹介。

978-4-334-03838-0

736
元国税調査官が明かす
金を取る技術
大村大次郎

金をすぐに払ってくれそうな人を見極め、貧乏人や情報弱者、儲かっている業界から徹底的に巻き上げる――。〝お上〟の徴税テクニックを知り、ビジネスに役立つヒントを得る。

978-4-334-03839-7

737
病気を治せない医者
現代医学の正体に迫る
岡部哲郎

死ぬまで薬を飲み続けますか？　西洋医学の限界に気づいていますか？　欠陥を抱えた西洋医学を検証しながら代替医療の可能性を探り、「ベストな医療の選択とは何か」を問う。

978-4-334-03840-3

738
宇宙はどうして始まったのか
松原隆彦

「宇宙の始まり」に答えはあるのか。新しい観測的事実が次々と明らかになる中、無からの宇宙創世論、量子論、相対論、素粒子論などを考察しながら、宇宙の謎にスリリングに迫る。

978-4-334-03841-0

739
日本の医療格差は9倍
医師不足の真実
上昌広

日本の医師の数は圧倒的な「西高東低」だ。医学部は西日本に偏在しており、その格差は最大9倍！　気鋭の医師が医療と教育の格差について提言。医学部受験生も必読の書である。

978-4-334-03842-7

740
社会保障が経済を強くする
少子高齢社会の成長戦略
盛山和夫

悪者扱いされる社会保障費は、本当に削減するしか道はないのか。生産性の向上、国民負担の増大が意味するものとは何か。誤った「常識」の原因を、社会学者が明らかにする。

978-4-334-03843-4

741
残念な教員
学校教育の失敗学
林純次

「残念な教員」を量産する学校教育現場の「失敗のしくみ」を踏まえ、過去の教育実践の蓄積と著者自身の取り組みをベースに、未熟練教員と生徒を共に成長させる方法を提示する。

978-4-334-03844-1

742
スマホに満足してますか？
ユーザインタフェースの心理学
増井俊之

知的生産に不向きで、時間潰しのツールになってしまったスマホ。進化が止まり、一向にいつでも／どこでも／誰でも使えるようにならないコンピュータ。第一人者がこの問題に挑む。

978-4-334-03845-8